用主題範例 學
運算思維與程式設計

使用 Codey Rocky 程小奔與
Scratch 3.0（mBlock5）
含 AI 與 IoT 應用專題

王麗君　編著

版權聲明：

- mBlock、mBot 是 Makeblock 公司的註冊商標。

- 本書所引述的圖片及網頁內容，純屬教學及介紹之用，著作權屬法定原著作權享有人所有，絕無侵權之意，在此特別聲明，並表達深深感謝。

程式檔案下載說明：

本書程式檔案請至台科大圖書網站（http://www.tiked.com.tw）圖書專區下載；或可直接於台科大圖書網站首頁，搜尋本書相關字（書號、書名、作者），進行書籍搜尋，搜尋該書後，即可下載本書程式檔案內容。

作者序 Preface

程小奔（Codey Rocky）機器人由童心制物（Makeblock）設計，目的在將機器人應用於教育與科技，降低創造的門檻，讓每個人容易實踐奇思妙想，享受創造的樂趣。Makeblock 團隊將 MIT 的 Scratch 程式擴增成 mBlock 程式，藉以驅動機器人、Arduino、micro:bit 等硬體設備，讓每個人在動手實做設計程小奔機器人時能夠同時體驗機器人（Robotics）、程式設計（Programming）與 Arduino 電子電路整合的學習經驗。

本書用主題範例學運算思維與程式設計 - 使用 Codey Rocky 程小奔與 Scratch3.0 (mBlock5) 含 AI 與 IoT 應用專題，運用運算思維架構在主題式範例程式設計，依據程小奔機器人的特性分成程小奔感測器基本功能程式設計、程小奔與程小奔互動、程小奔與虛擬角色互動、程小奔與人工智慧、物聯網的應用五大構面，詳細介紹程小奔在科學、科技、工程、藝術與數學（STEAM）的應用範例，輕鬆激發學習者的多元智慧、創造力與想像力。同時，主題範例程式設計以小試身手認識程小奔機器人硬體感測器元件與對應的 mBlock 積木，接著規劃程小奔專題相關功能腳本、程小奔應用的硬體元件、再設計程式執行流程、讓程小奔實踐想法。以點、線、面方式循序漸進引導學習者養成邏輯思考能力、問題解決能力與運算思維能力。

王麗君

目錄 Contents

Chapter 1　程小奔簡介

1-1	程小奔簡介	02
1-2	程小奔組成元件	03
1-3	mBlock 5 積木程式語言	04
1-4	連接程小奔設計程式	09
1-5	即時模式與更新韌體	14
1-6	手機連接程小奔	16

Chapter 2　動感程小奔

2-1	按鈕：啟動程小奔	22
2-2	直流減速電機與作動積木	24
2-3	LED 面板與外觀積木	26
2-4	喇叭與積木	33
2-5	動感程小奔流程規劃	36
2-6	動感程小奔唱歌與跳舞	37

Chapter 3　聲控程小奔

3-1	聲音感測器：程小奔顯示音量值	42
3-2	算術運算：攝氏溫度轉華氏	44
3-3	關係運算：程小奔辨真假	46
3-4	控制重複執行：程小奔隨機選號	48
3-5	控制邏輯判斷：聲控程小奔開心音效	49
3-6	聲控程小奔流程規劃	51
3-7	聲控程小奔	52

Contents

Chapter 4 光控程小奔

4-1	光線感測器：程小奔顯示光線值	56
4-2	變數：骰子比大小	58
4-3	光控程小奔流程規劃	61
4-4	光控程小奔	62

Chapter 5 程小奔循線前進

5-1	灰階感測器：程小奔辨黑白	68
5-2	程小奔循黑線前進	70
5-3	程小奔循白線前進	72

Chapter 6 程小奔辨色唱歌

6-1	RGB 顏色感測器：小奔辨色	78
6-2	小奔 RGB LED：小奔顯示七彩顏色	82
6-3	小程 RGB LED：小程顯示七彩顏色	83
6-4	控制條件重複執行：程小奔等待	85
6-5	程小奔辨色唱歌	86

Chapter 7 程小奔避開障礙物

7-1	紅外線接收與發射：小奔偵測障礙物	94
7-2	情感積木：百變程小奔	95
7-3	程小奔避開障礙物流程規劃	97
7-4	程小奔避開障礙物	98

Chapter 8 程小奔播報天氣

8-1	物聯網	104
8-2	運算組合字串：程小奔顯示台北最高溫度	109
8-3	程小奔播報天氣流程規劃	111
8-4	程小奔播報天氣	112
8-5	小程判斷空氣品質	113
8-6	小程上傳模式廣播訊息	114
8-7	角色接收上傳模式廣播的訊息	116

Chapter 9 程小奔的人工智慧辨識

9-1	人工智慧	122
9-2	人工智慧辨識流程	128
9-3	英文印刷文字辨識	129
9-4	品牌圖片辨識	131
9-5	人臉情緒辨識	133
9-6	性別辨識	135

10 人工智慧班級出席人數統計

10-1	機器深度學習	140
10-2	人工智慧班級出席人數統計互動規劃	140
10-3	訓練模型	142
10-4	檢驗機器深度學習	146
10-5	雲端數據圖表	151
10-6	程小奔統計人數	152
10-7	偵測電腦日期	155

Contents

Chapter 11 程小奔與 Panda 英打遊戲

- 11-1 六軸陀螺儀：小程左搖右晃　162
- 11-2 程小奔與 Panda 互動連線遊戲腳本規劃　169
- 11-3 建立變數：程小奔傳值給角色　170
- 11-4 程小奔控制角色移動　173
- 11-5 角色重複由上往下掉落　174
- 11-6 Panda 碰到角色得分　176
- 11-7 蘋果角色變換造型　177

Chapter 12 程小奔遙控程小奔

- 12-1 紅外線 IR 發送與接收：小程 IR 小程　184
- 12-2 程小奔遙控程小奔流程規劃　186
- 12-3 程小奔遙控程小奔　187

Chapter 13 程小奔遙控 mBot 賽車

- 13-1 程小奔遙控 mBot 專題規劃　194
- 13-2 使用者雲訊息　195
- 13-3 程小奔連接無線網路　200
- 13-4 程小奔發送使用者雲訊息　202
- 13-5 角色接收使用者雲訊息　203
- 13-6 mBot 接收廣播　204

附錄　211

Chapter 1 程小奔簡介

本章將認識程小奔的組成元件、特性、連接與更新韌體的方式及 mBlock 5 積木程式語言，再以手機連接程小奔設計程式。

小程 (Codey)　　　　小奔 (Rocky)　　　　程小奔 (Codey Rocky)

本章學習目標

1. 能夠理解程小奔的組成元件。
2. 能夠理解程小奔的連接方式。
3. 能夠應用手機連接程小奔設計程式。
4. 能夠理解 mBlock 5 積木程式語言。

1-1 程小奔簡介

程小奔 = 小程 + 小奔

程小奔（Codey Rocky）由童心制物（Makeblock）設計，分成小程（Codey）與小奔（Rocky），其中小程由 10 種可設計程式的感測器及 LED 面板組成，小奔配備有 4 個直流減速電機與輪胎、2 個履帶與顏色紅外感測器等。小程與小奔組合的程小奔，能夠避開障礙物、循線黑線或白線前進、同時能夠辨識七彩顏色等多種功能。

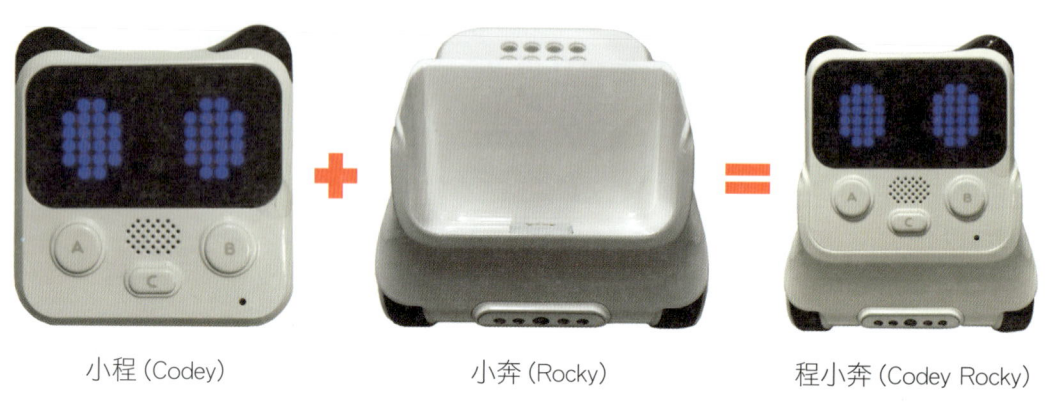

▲圖 1：程小奔由小程與小奔組合而成

人工智慧 (AI) 與物聯網 (IoT)

程小奔以 mBlock 5 積木程式語言設計程式，包括：設計人工智慧（AI）相關的人臉喜、怒、哀、樂辨識、英文或中文語音辨識、英文或中文文字辨識等。同時，程小奔內建無線網路（WiFi）能夠以物聯網（IoT）方式，顯示世界各主要城市的即時氣象、溼度、日出等資訊。

▲圖 2：程小奔以 mBlock 5 積木設計人臉年齡辨識

1-2 程小奔組成元件

小程與小奔主要組成元件如下：

一 小程組成元件

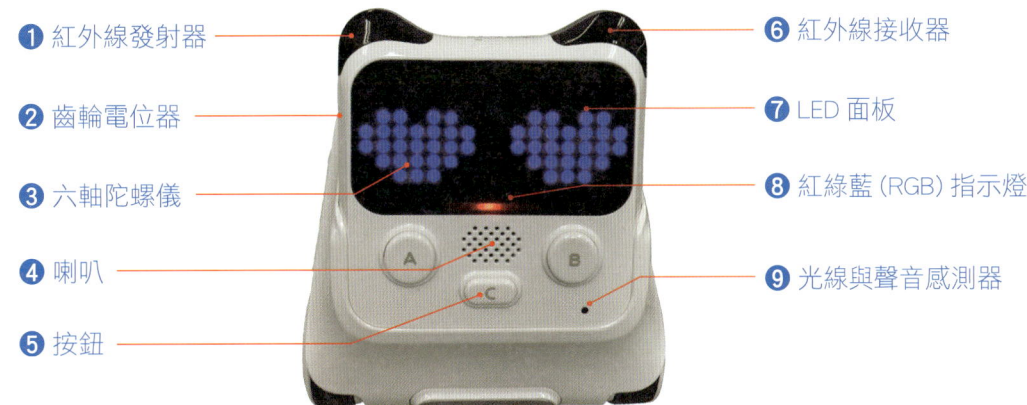

① 紅外線發射器
② 齒輪電位器
③ 六軸陀螺儀
④ 喇叭
⑤ 按鈕
⑥ 紅外線接收器
⑦ LED 面板
⑧ 紅綠藍 (RGB) 指示燈
⑨ 光線與聲音感測器

二 小奔組成元件

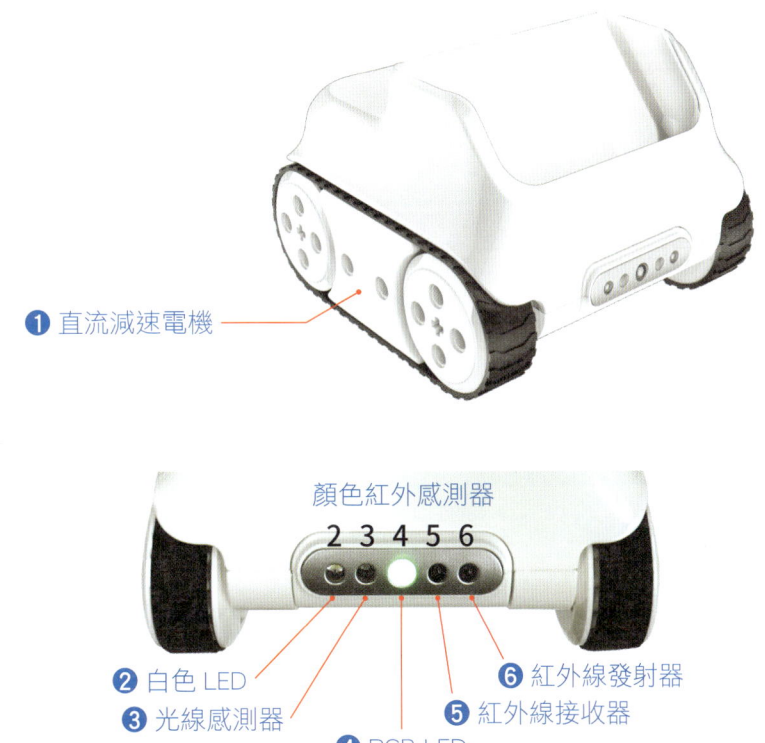

① 直流減速電機

顏色紅外感測器
2 3 4 5 6

② 白色 LED
③ 光線感測器
④ RGB LED
⑤ 紅外線接收器
⑥ 紅外線發射器

用主題範例學運算思維與程式設計

1-3 mBlock 5 積木程式語言

一、下載與安裝 mBlock 5

mBlock 5 分成連線版與離線版，連線版以瀏覽器連接 mBlock 網站設計程式；離線版則是下載 mBlock 5 到電腦安裝之後，在沒有網路連線狀態下設計程式。

二、下載與安裝 mBlock 5 離線版

Step.01 開啟瀏覽器，輸入 mBlock 5 官方網址 http：//www.mblock.cc

Step.02 點選【下載】。

Step.03 依據電腦的作業系統，點選【下載 Windows 版】。

Step.04 下載完成，點擊【V5.2.0.exe】，開始安裝。

Step.05 點選【繁體中文】，再按【確定】。

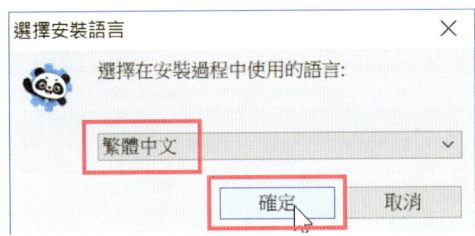

Step.06 按 3 次【下一步】，確認「安裝路徑」、「開始功能表的資料夾」與「建立桌面圖示」，再按【安裝】，開始安裝。

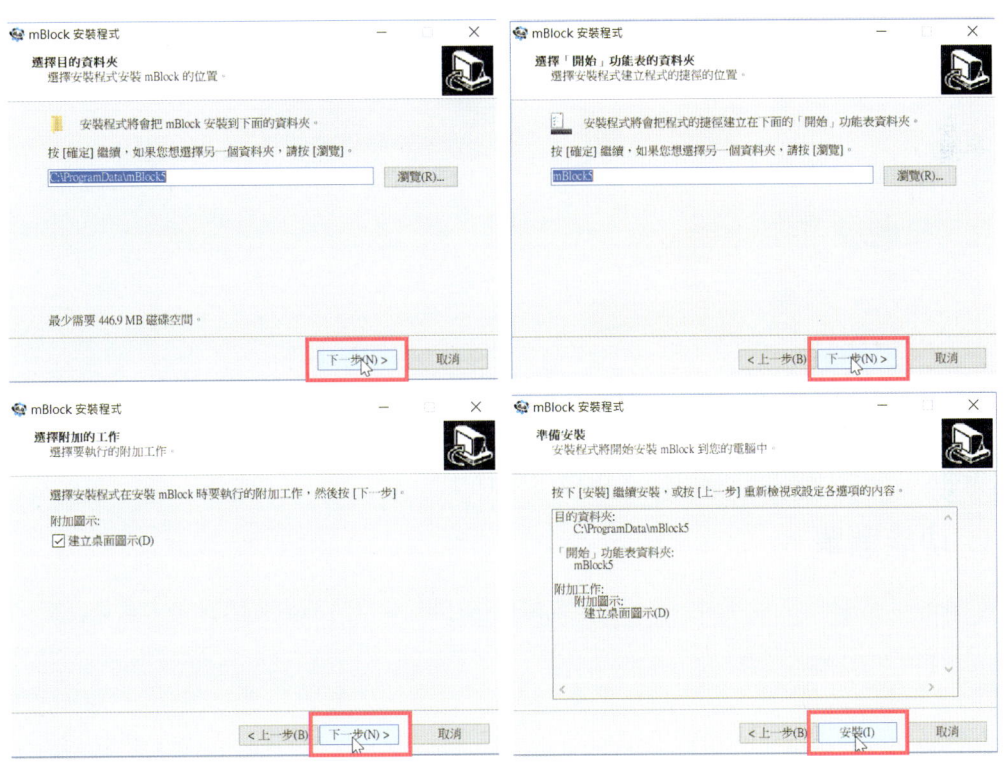

Step.07 安裝完成，點擊【完成】，自動開啟 mBlock 5 視窗。

註：本書版本為 v5.2.0

mBlock 5 程式設計視窗

mBlock 5 積木程式語言主要改編自 Scratch 3.0，主要視窗分成：1. 功能選單；2. 舞台；3. 設備、角色與背景；4. 積木；5. 程式。

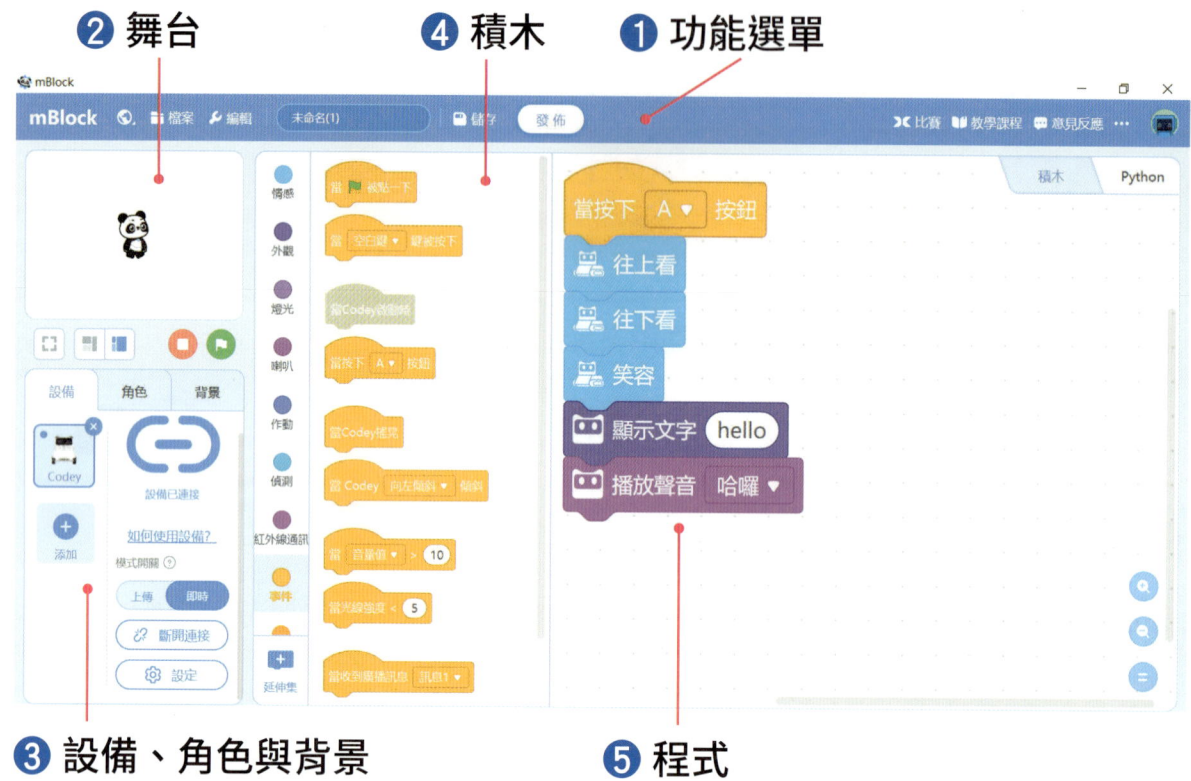

註：mBlock5 開啟預設的設備是「Codey」（程小奔）。

1. 功能選單

2. 舞台

舞台的功能在預覽程式執行結果。

3. 設備、角色與背景

(1) 設備：連接硬體，例如程小奔（Codey Rocky）、mBot 機器人、神經元（Neuro）與 micro:bit，依據連接的設備顯示相關的功能積木。

(2) 角色：依據點選的角色，設計角色相關的積木。

(3) 背景：舞台的背景圖案。

設備　　　　　　**角色**　　　　　　**背景**

4. 積木

當設備、角色與背景切換時，積木程式隨著變換，程式的積木以顏色與形狀區分程式執行的功能。

5. 程式

程式區能夠切換「積木」與「Python」程式語言的編輯視窗。

程小奔簡介 Chapter·1

1-4 連接程小奔設計程式

利用電腦連接程小奔與 mBlock 5 的方式分為：Micro USB 與藍牙模組。

一 連接 Micro USB 設計程式

Step.01 使用 Micro USB 連接小程與電腦。

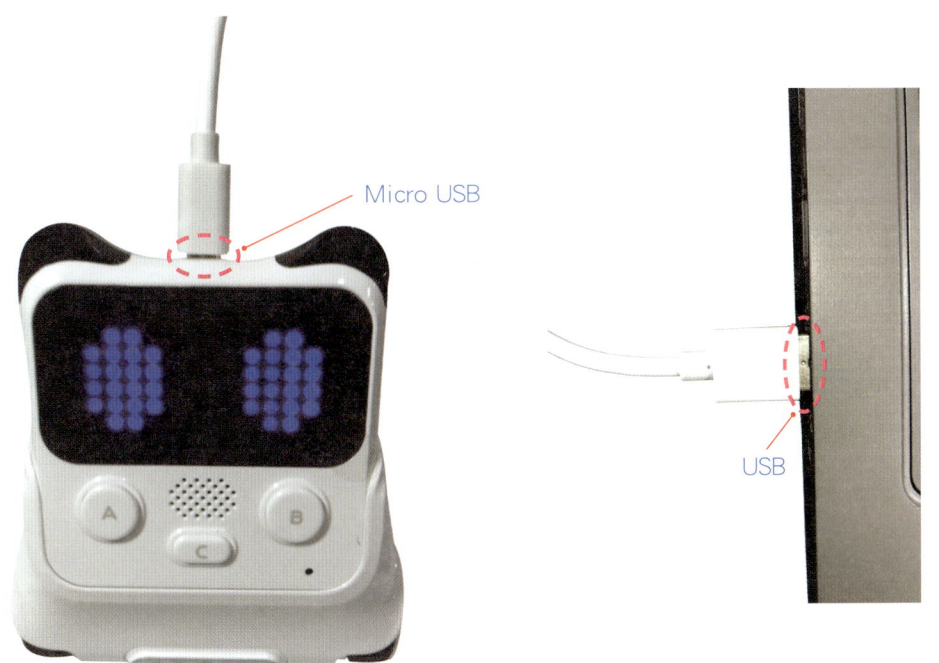

Step.02 開啟小程電源。

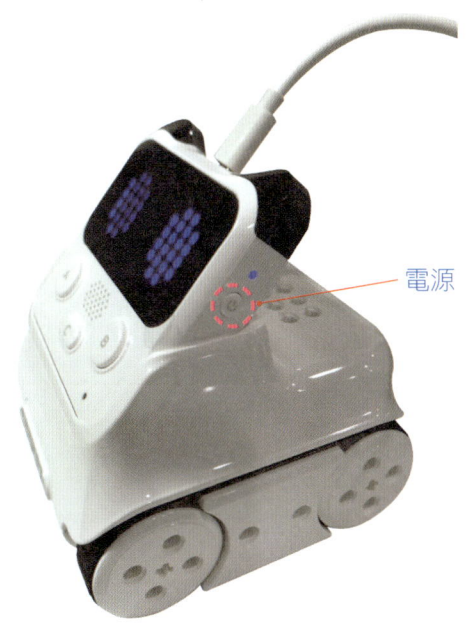

用主題範例學運算思維與程式設計

Step.03 開啟 mBlock 5 連接

1. 點選【連接】。
2. 勾選【COM4> 連接】。
3. 顯示設備已連接。
4. 點選【即時】，設定為即時連線。

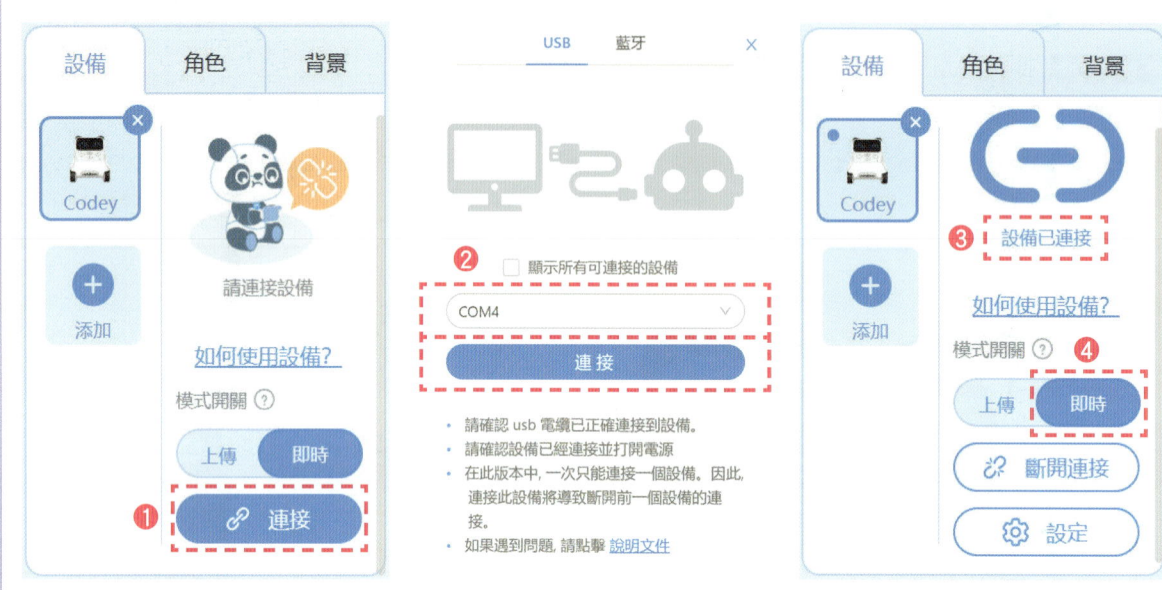

⭐ 小叮嚀　每台電腦的 COM 值皆不相同，以下為查詢 COM 值的方法。

1. 在本機或電腦按右鍵，點選【管理】。
2. 點選【裝置管理員 > 連接埠】，【USB-SERIAL-NS CH340 (COM4)】，就是小程與電腦的連接埠。

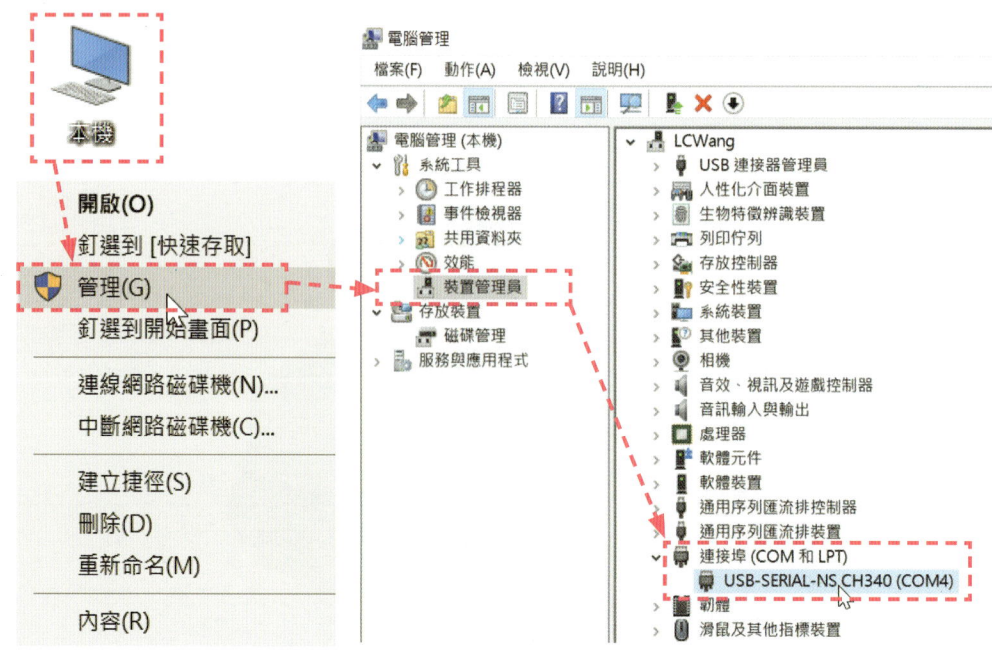

程小奔簡介 Chapter・1

Step.04 點擊 事件 ，拖曳 當按下 A▼ 按鈕 到程式區。

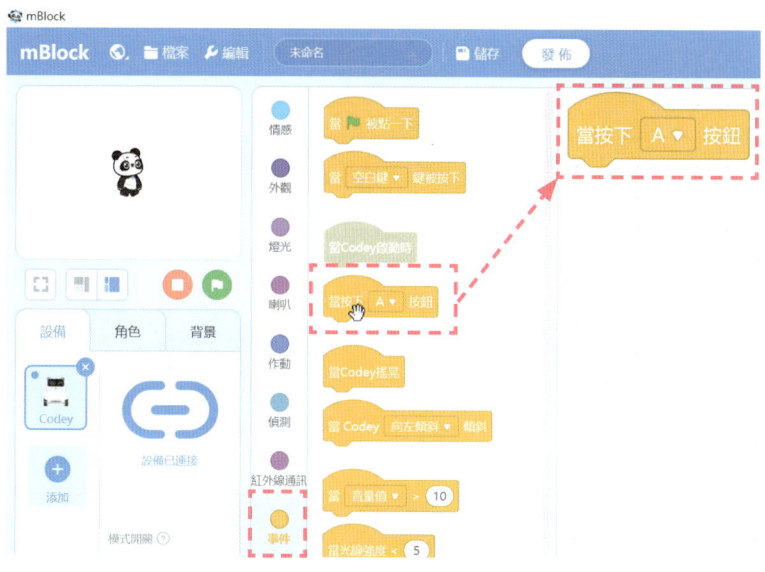

Step.05 點擊 外觀 ，拖曳 顯示圖案 ，持續 1 秒 。

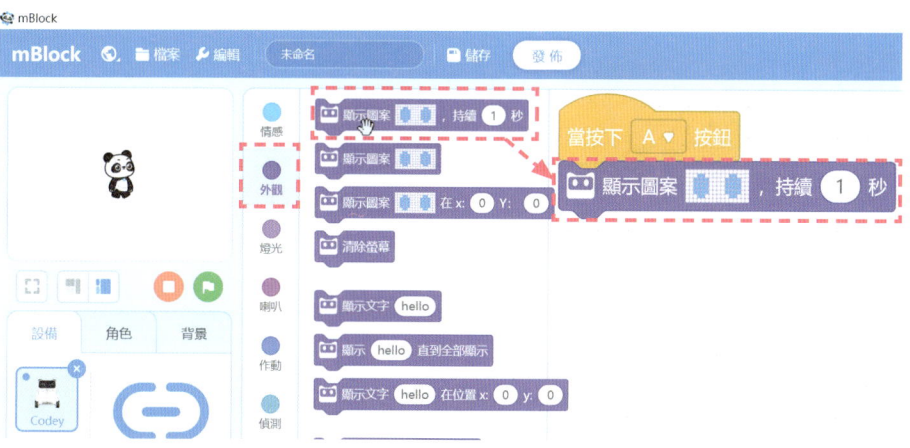

〈操作提示〉

積木靠近另一積木時，會出現灰色陰影，放開積木會自動堆疊在一起。

Step.06 按下小程的按鈕【A】，LED 面板顯示眼睛圖示 1 秒。

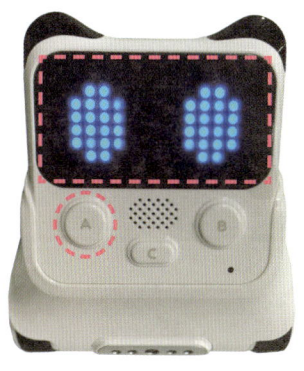

11

用主題範例學運算思維與程式設計

連接藍牙模組設計程式

程小奔的藍牙模組（選購配備）能夠將 mBlock 5 寫好的程式，以藍牙無線連接小程，即時顯示程式執行結果。連線方式如下：

Step.01

將藍牙模組 USB 連接電腦，藍牙 USB「閃爍藍牙圖示」。

Step.02

按下【藍牙按鈕】。當藍牙連接小程時，小程會發出「嗶」聲，藍牙 USB 的 「藍牙圖示不再閃爍」。

Step.03

1. 點選【連接】。
2. 勾選【COM4> 連接】。

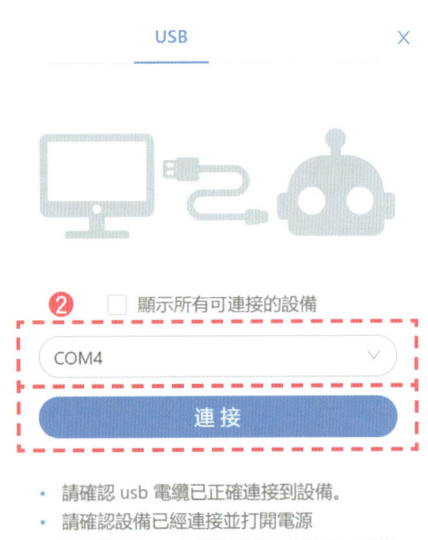

12

程小奔簡介 Chapter・1

Step.04

1. 顯示設備已連接。

2. 點選【即時】，設定為即時連線。

〈操作提示〉藍牙為無線連接、Micro USB 為有線連接，兩者設定連線方式相同。

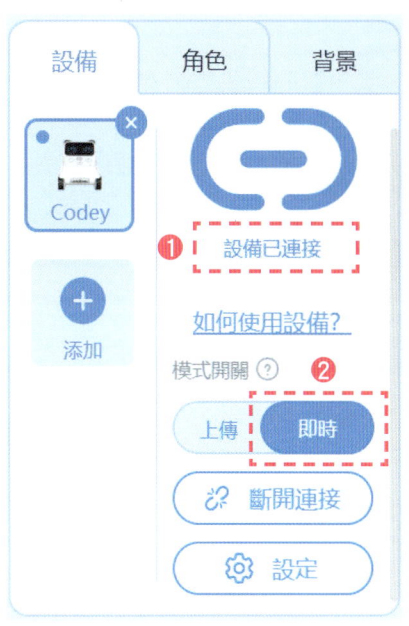

Step.05

點擊 事件 與 外觀，設計下圖程式，按下按鈕 A 顯示眼睛圖示、按下按鈕 B 關閉螢幕。

〈操作提示〉按鈕 B 在按鈕 A 的更多選項中。

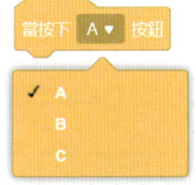

13

用主題範例學運算思維與程式設計

1-5 即時模式與更新韌體

一 連線模式

電腦連接程小奔編輯程式的方式，分為「即時模式」與「上傳模式」。

即時模式	上傳模式
即時模式讓程小奔與電腦「連線執行程式」或「即時傳遞感測器相關的資訊」。	上傳模式必需將程式上傳到程小奔，以「離線」方式不需要連接電腦，就能夠執行程式。

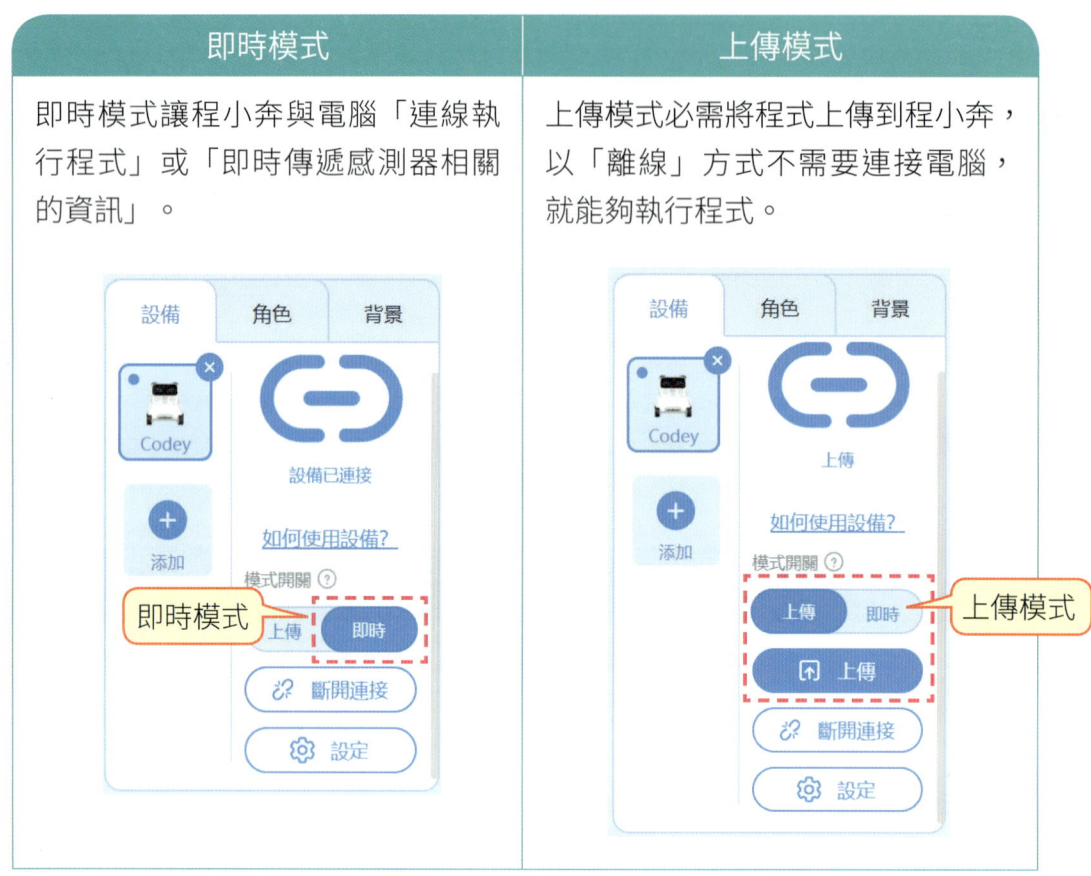

更新韌體

上傳程式到小程之後，斷開小程與電腦的連線，小程能夠在離線狀態執行上傳的程式。如果要恢復原廠預設的程式，需要更新韌體，步驟如下：

Step.01
更新韌體，先以 USB 線連接電腦，進行更新，無法使用藍牙模組。

Step.02
點選【設定 > 更新韌體】。

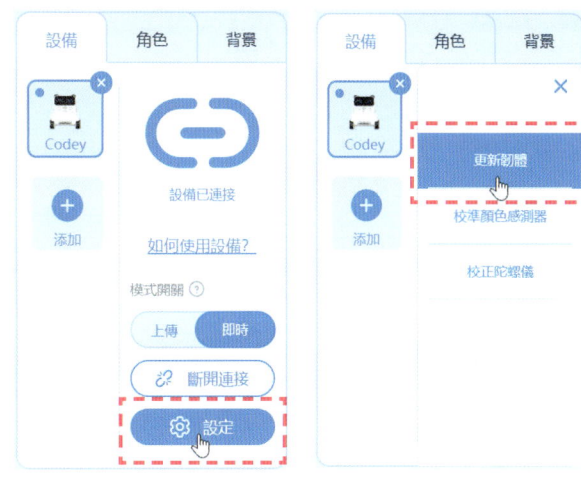

Step.03
點擊【最新韌體】，再按【更新】，更新時請勿操作小程及 mBlock 5。

Step.04
更新完成按【確認】，重新啟動小程。

1-6 手機連接程小奔

手機或平板開啟藍牙連接程小奔，再以 mBlock5 設計程式。

一 下載 mBlock APP

利用手機遙控程小奔之前，必須先到手機的 APP Store 或 Play 商店下載手機版 mBlock 程式。

Step.01
在手機 APP store 輸入【mBlock】，再點選【下載】。

Step.02
下載完成，點選【打開】。

手機藍牙連線

Step.01 開啟 mBlock，點選【編碼】，再按 ➕ 建立專案。

Step.02 點選【程小奔】，再按右上方【✓】。

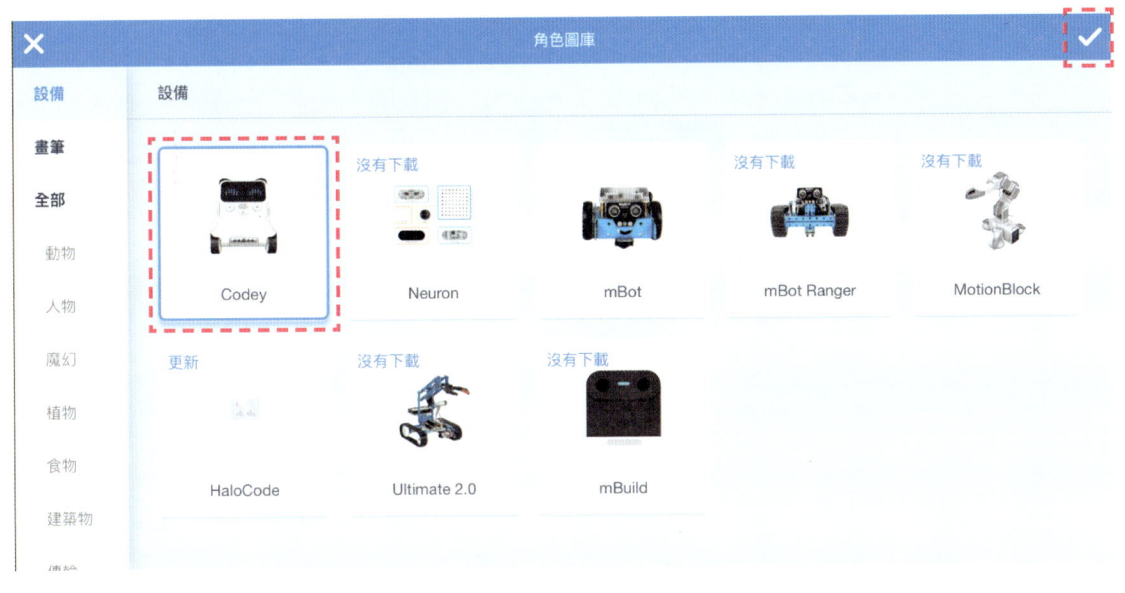

註： 程小奔左上方，如果有【更新】，請先點擊更新，再下載。

Step.03
1. 點選【程小奔右上方藍牙】、再點擊【連接】。
2. 將手機靠近程小奔。
3. 連線成功顯示藍牙已連接,再點擊【返回到程式碼】。
4. 手機與程小奔連線成功之後,mBlock 手機版與電腦版視窗與功能相同。

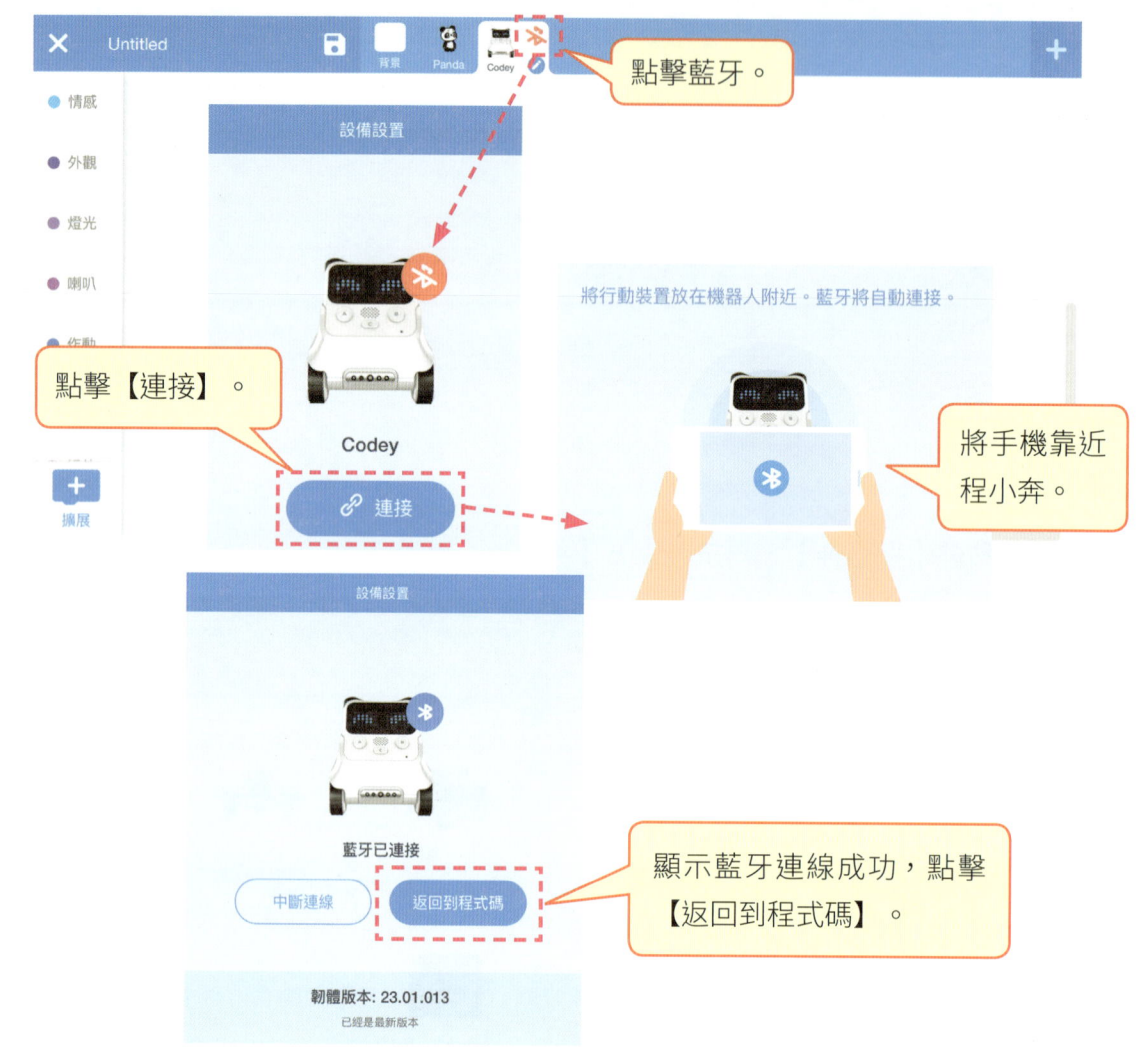

〈操作提示〉
1. 藍牙未連接時,藍牙圖示為「紅色」、連接成功之後,藍牙圖示為「藍色」。
2. 以電腦或手機連接程小奔,同一時間只能有一種連線方式(USB 或藍牙擇一),不能同時使用電腦 USB 連線與手機藍牙連線。
3. 手機開啟藍牙方式:在手機按【設定 > 藍牙 > 開啟】,開啟手機藍牙。
4. 手機或平板如果無法在 mBlock 點擊藍牙連接程小奔,請先在「設定 > 藍牙」連線,再回到 mBlock 連接裝置。

填充題

一、請寫出下列小程的感測器或元件名稱：

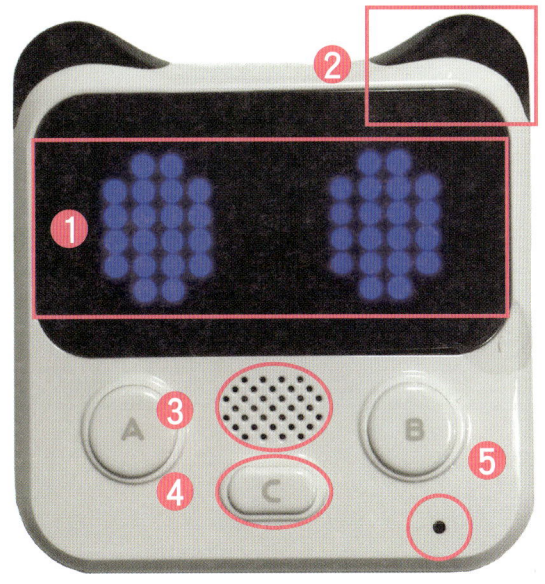

1. （　　　　　　　）
2. （　　　　　　　）
3. （　　　　　　　）
4. （　　　　　　　）
5. （　　　　　　　）

二、請寫出下列小奔的感測器或元件名稱：

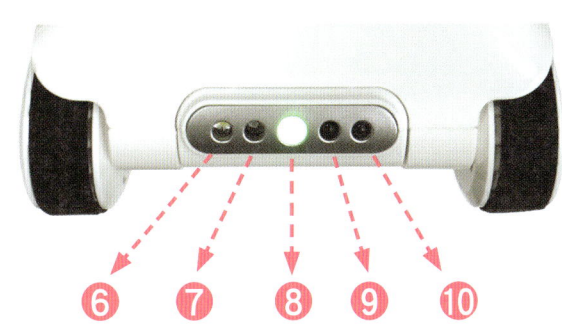

6. （　　　　　　　）
7. （　　　　　　　）
8. （　　　　　　　）
9. （　　　　　　　）
10. （　　　　　　　）

實作題

1. 請利用手機連接程小奔，以即時模式設計程小奔表達情感。

2. 請利用手機遙控程小奔，三人一組進行程小奔 1 公尺競速，終點線停止。

動感程小奔

本章將利用按鈕、LED、喇叭與直流減速電機，設計動感程小奔唱歌跳舞。

本章學習目標

1. 能夠理解小奔的按鈕運作原理。
2. 能夠理解小奔的直流減速電機原理。
3. 能夠應用小程的 LED 面板顯示圖案或文字。
4. 能夠應用程小奔的按鈕、喇叭與直流減速電機，設計唱歌跳舞程小奔。

用主題範例學運算思維與程式設計

2-1 按鈕：啟動程小奔

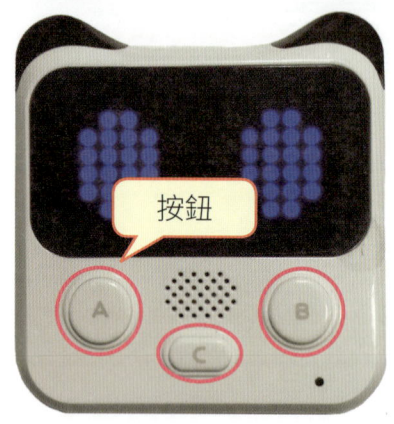

程小奔總共有 A、B、C 三個按鈕，當按下按鈕時啟動積木程式執行。mBlock 5 設備 程小奔的 ● 事件 與 ● 偵測 類別積木中，與按鈕相關的積木如下：

按　　鈕	積　　木	功　　能
按鈕啟動	當按下 A▼ 按鈕	當按下小程的按鈕 A（或 B、C），開始依序執行下方每一行積木。
判斷按鈕	按下 A▼ 按鈕？	邏輯判斷是否按下按鈕 A。 邏輯判斷結果： (1) true：按下按鈕； (2) false：未按下按鈕。

📖 小試身手 ❶　程小奔顯示「hello」（範例：ch2-1）

當按下程小奔的按鈕 A 時，顯示「hello」跑馬燈。

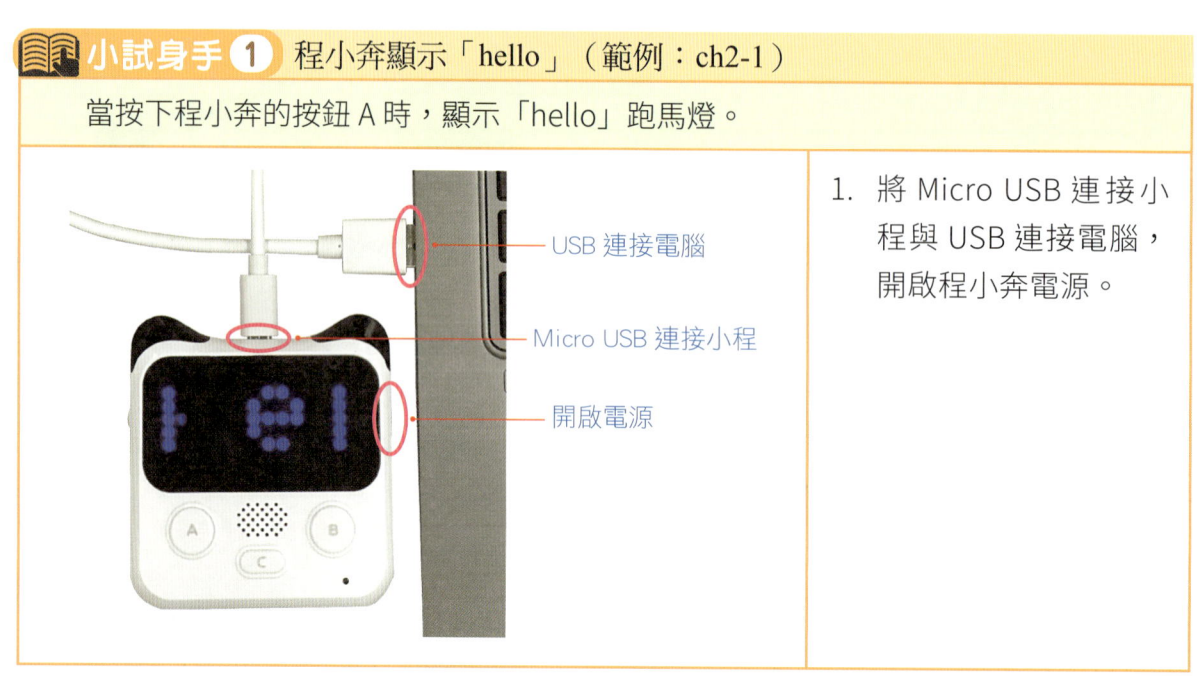

1. 將 Micro USB 連接小程與 USB 連接電腦，開啟程小奔電源。

動感程小奔 Chapter·2

2. 開啟 mBlock5，在「設備」按 連接 ，並設定為 上傳 即時 【即時】，即時連線。

3. 點選 事件 與 外觀 ，拖曳左圖積木。

4. 按下小程按鈕 A，檢查是否顯示「hello」跑馬燈。

5. 點擊【檔案 > 儲存到您的電腦】。

6. 輸入檔名【ch2-1】，再點擊【存檔】。

〈操作提示〉儲存的檔案為 mBlock5 專案，必需使用 mBlock 5 才能開啟。

腦力激盪 1 請利用 事件 與 外觀 ，設計讓程小奔 LED 面板顯示文字或圖案。

23

2-2 直流減速電機與作動積木

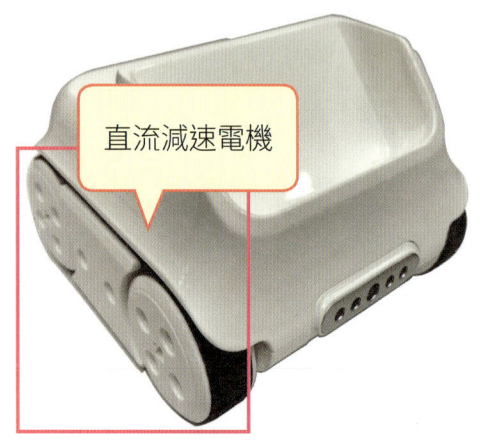

小奔的直流減速電機又稱為直流減速馬達或齒輪馬達，mBlock 5 設備 Codey 的 作動 積木，驅動小奔的直流減速電機讓程小奔前進、後退、左轉或右轉。

作動	積　　木	功　　能
前進或移動後停止	1. 前進, 動力 50 %, 持續 1 秒 後退, 動力 50 %, 持續 1 秒 左轉, 動力 50 %, 持續 1 秒 右轉, 動力 50 %, 持續 1 秒	1. 設定程小奔以 -100～100% 的動力前進、後退、左轉或右轉 1 秒後停止。
	2. 直線前進, 動力 50 %, 持續 1 秒 直線後退, 動力 50 %, 持續 1 秒	2. 設定程小奔以 -100～100% 的動力直線前進或後退 1 秒後停止。
	3. 左轉 ↺ 15 度直到結束 右轉 ↻ 15 度直到結束	3. 設定程小奔左轉或右轉固定角度後停止。
	4. 停止運動	4. 程小奔停止移動。
移動後永不停止	1. 前進▼, 動力 50 % 2. 左輪動力 50 %, 右輪動力 50 %	1. 設定程小奔以 -100～100% 的動力前進（或後退、左轉、右轉）永不停止。 2. 分別設定左、右轉的動力。

動感程小奔 Chapter·2

小試身手 ❷ 程小奔走正方形（範例：ch2-2）

當按下按鈕 A，程小奔向右轉 90 度之後，直線前進 1 秒，重複執行 4 次，走一個正方形。

1. 點選 ●事件 與 ●作動，拖曳左圖積木，程小奔右轉 90 度之後，直線前進 1 秒。

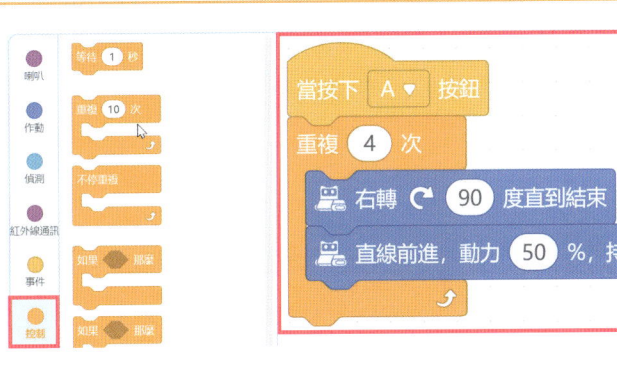

2. 點選 ●控制，拖曳左圖積木，重複執行 4 次右轉與直線前進，讓程小奔走一個正方形。

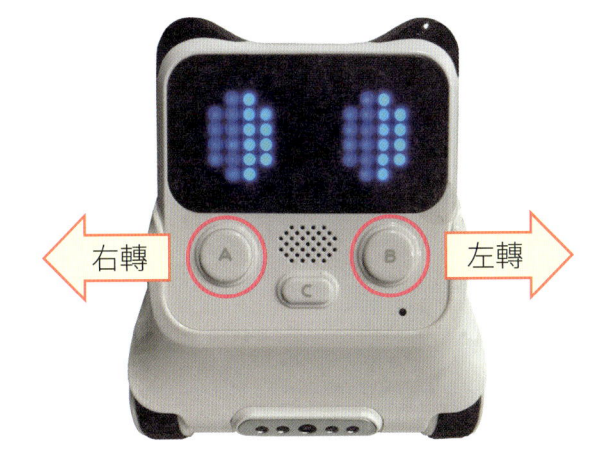

3. 按下小程的按鈕 A，檢查小程是否右轉 90 度之後，直線前進 1 秒；重複走一個正方形。

〈操作提示〉程小奔面對我們，左右與我們相反。

腦力激盪 ❷

程小奔走正方形時是旋轉 90 度，如果是三角形或多邊形需要旋轉幾度呢？請利用 ●事件、●控制 與 ●作動，設計讓程小奔走三角形或多邊形。

25

用主題範例學運算思維與程式設計

2-3 LED 面板與外觀積木

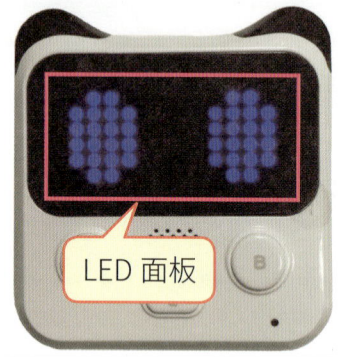

小程的 LED 面板由 8×16 個 LED 所組成。

mBlock 5 設備 的 外觀 積木，驅動小程的 LED 面板，顯示圖案、文字或點亮個別 LED。

一 LED 面板顯示圖案

顯示	積木	功能
顯示圖案或關閉	1. 顯示圖案 持續 1 秒 2. 顯示圖案 3. 顯示圖案 於 x: 0 y: 0 4. 清除螢幕	1. 小程 LED 顯示圖案 1 秒後關閉。 2. 小程 LED 持續示圖案不關閉。 3. 小程在 LED 坐標 (0, 0) 顯示圖案，不關閉。 4. 關閉 LED 螢幕。

二 自訂圖案

在顯示圖案積木的 繪圖板，利用畫筆個別點亮 LED，設計圖案。

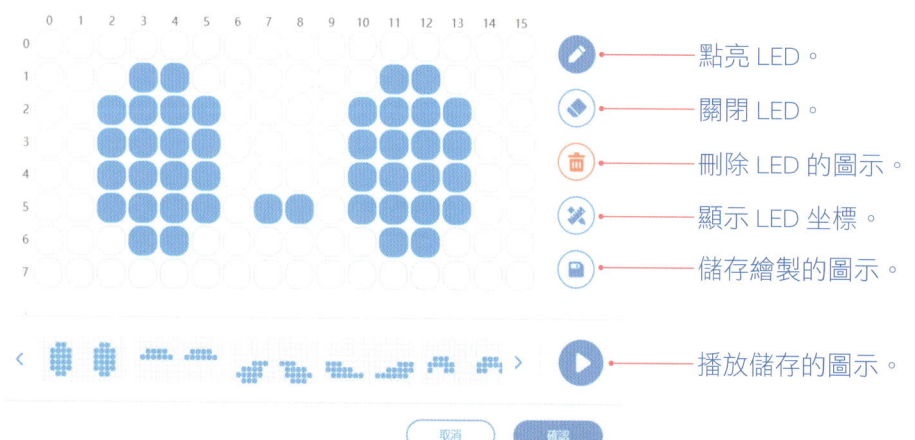

- 點亮 LED。
- 關閉 LED。
- 刪除 LED 的圖示。
- 顯示 LED 坐標。
- 儲存繪製的圖示。
- 播放儲存的圖示。

小試身手 ❸ 程小奔顯示方向箭頭（範例：ch2-3）

當按下按鈕 A，小程的 LED 面板顯示往右箭頭，程小奔向右轉 90 度之後前進 1 秒；
當按下按鈕 B，小程的 LED 面板顯示往左箭頭，程小奔向左轉 90 度之後前進 1 秒。

註：往左與往右以程小奔的角度為基準。

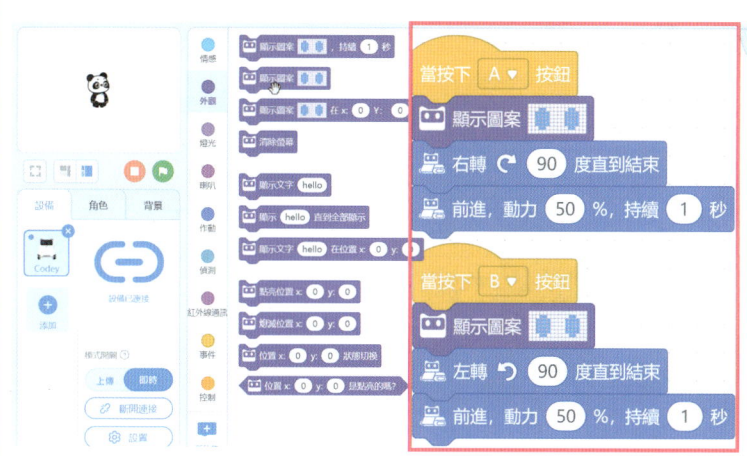

1. 點選 事件、作動 與 外觀，拖曳左圖積木。

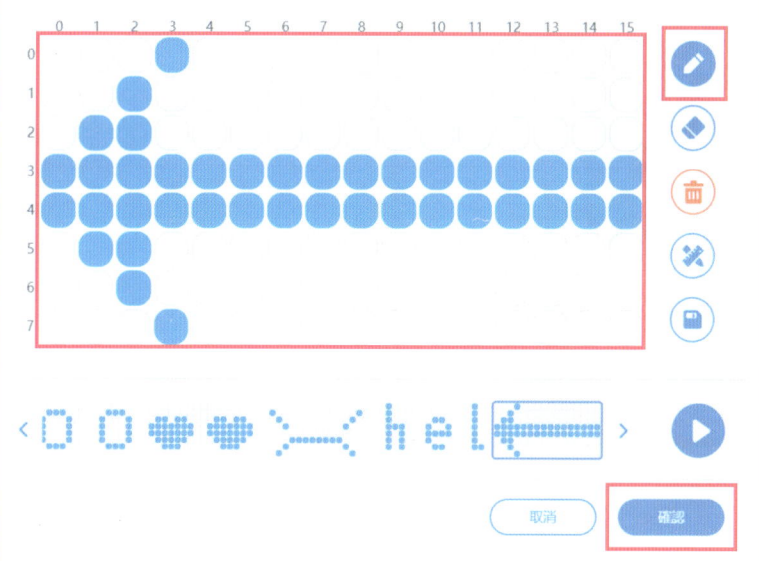

2. 點選 繪圖板。
3. 點選 ✏，在繪圖區點亮程小奔的右箭頭圖示。
4. 點擊【確定】。

用主題範例學運算思維與程式設計

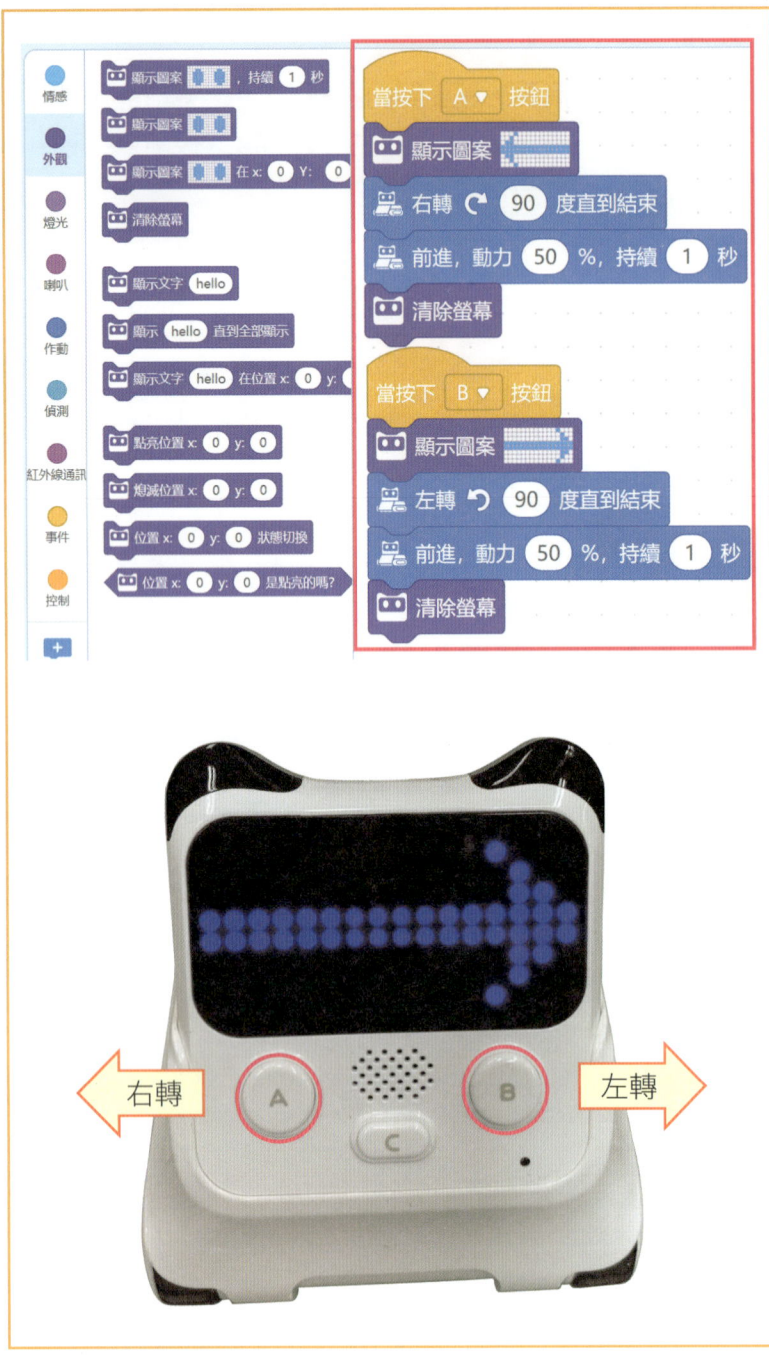

5. 重複步驟 2～4，設計程小奔的左箭頭圖示。

6. 拖曳 2 個 清除螢幕 到最下方，停止前進時，清除螢幕 LED。

7. 按下小程的按鈕 A，檢查小程是否先顯示右轉箭頭，再右轉 90 度之後，前進 1 秒；按下小程的按鈕 B，檢查小程是否先顯示左轉箭頭，再左轉 90 度之後，前進 1 秒。

腦力激盪 3 請利用 事件 與 外觀，讓程小奔 LED 面板表達設計的圖案或文字內容。

三 LED 面板顯示文字

小程的 LED 面板能夠顯示英文字、數字或鍵盤上的符號，無法顯示中文。

小試身手 4　程小奔顯示文字或數字（範例：ch2-4）

當按下按鈕 B，小程 LED 面板顯示文字「Battery Level」（電池電量）文字之後，再顯示電池電量數字。

1. 點選 ●事件 與 ●外觀，拖曳左圖積木，小程 LED 面板顯示「Battery Level」（電池電量）文字。

2. 點選 ●外觀 與 ●偵測，拖曳 顯示文字 hello 與 電池電量 小程 LED 板面顯示電池電量。

用主題範例學運算思維與程式設計

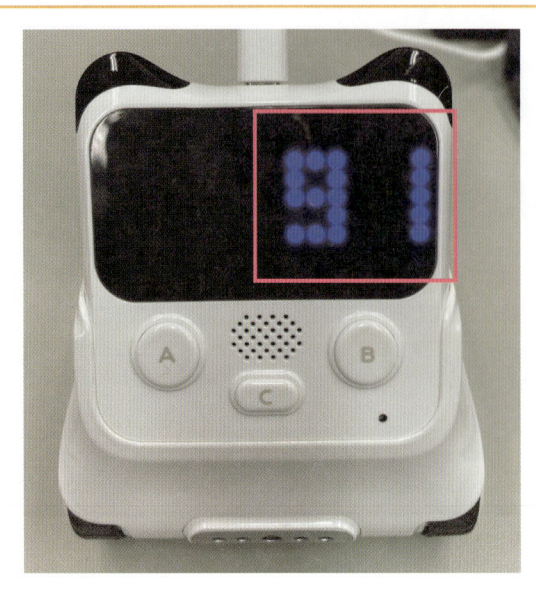

3. 按下小程的按鈕 B，檢查小程是否顯示電池電量文字與數字。

腦力激盪 4 利用 事件、外觀 與 偵測，設計讓小程 LED 面板顯示感測器的偵測值。

四 LED 面板點亮個別 LED 燈

小程的 LED 面板由 8×16 LED 燈所組成，每個 LED 以坐標 x, y 表示，橫向為 x 軸 LED，坐標從 0～15；縱向為 y 軸 LED，坐標從 0～7。

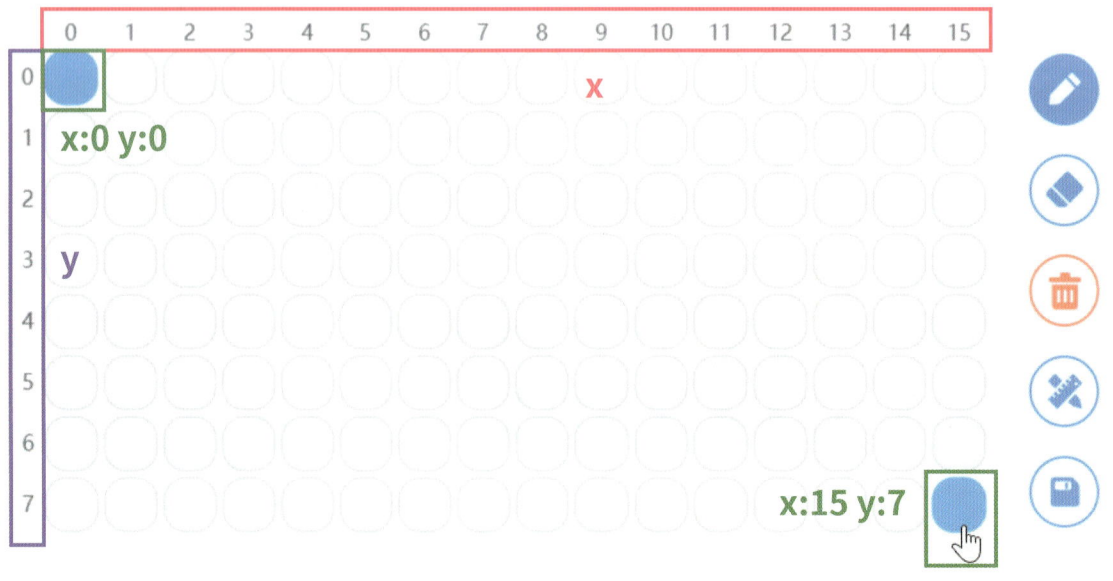

動感程小奔 Chapter 2

顯示	積木	功能
點亮個別 LED	1. 點亮位置 x: 0 y: 0 2. 熄滅位置 x: 0 y: 0 3. 位置 x: 0 y: 0 狀態切換 4. 位置 x: 0 y: 0 是點亮的嗎?	1. 點亮小程坐標（0,0）的 LED。 2. 關閉小程坐標（0,0）的 LED。 3. 將小程坐標（0,0）的 LED，如果是點亮切換為熄滅、熄滅切換為點亮。 4. 判斷小程坐標（0,0）的 LED 是否點亮。

小試身手 5　一閃一閃程小奔（範例：ch2-5）

當按下按鈕 C，小程 LED 面板隨機點亮一個 LED、再熄滅 LED。

1. 點選【變數】，**建立變數**，輸入【x】、【適用所有的角色】，再按【確認】。
2. 重複上一步驟，建立變數【y】。

3. 點選【事件】與【變數】，拖曳左圖積木，按下按鈕 C，設定變數 x，y 的值。

31

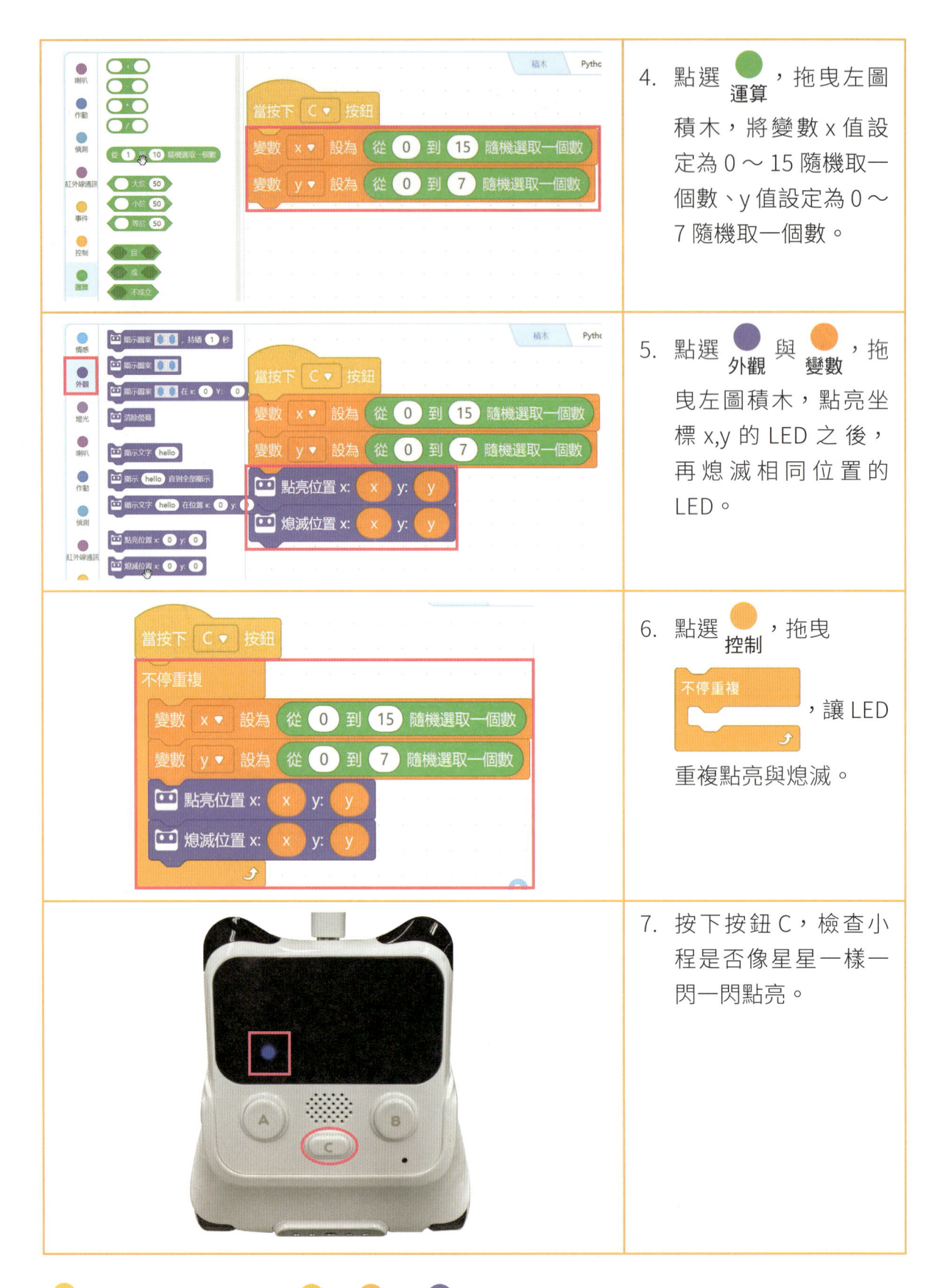

(積木圖：設定變數 x 為 0 到 15 隨機選取一個數、變數 y 為 0 到 7 隨機選取一個數)	4. 點選 ●運算，拖曳左圖積木，將變數 x 值設定為 0～15 隨機取一個數、y 值設定為 0～7 隨機取一個數。
(積木圖：加上點亮位置 x:x y:y 與熄滅位置 x:x y:y)	5. 點選 ●外觀 與 ●變數，拖曳左圖積木，點亮坐標 x,y 的 LED 之後，再熄滅相同位置的 LED。
(積木圖：當按下 C 按鈕，不停重複設定 x、y 並點亮、熄滅 LED)	6. 點選 ●控制，拖曳 不停重複，讓 LED 重複點亮與熄滅。
(小程機器人照片，LED 面板上一個藍色亮點，C 按鈕被圈起)	7. 按下按鈕 C，檢查小程是否像星星一樣一閃一閃點亮。

腦力激盪 5 利用 ●事件、●控制 與 ●外觀，設計小程 LED 面板點亮 LED 燈的方式。

2-4 喇叭與積木

mBlock 5 設備 小程 的 喇叭 積木，驅動小程的喇叭，播放聲音或音調。

一 播放聲音

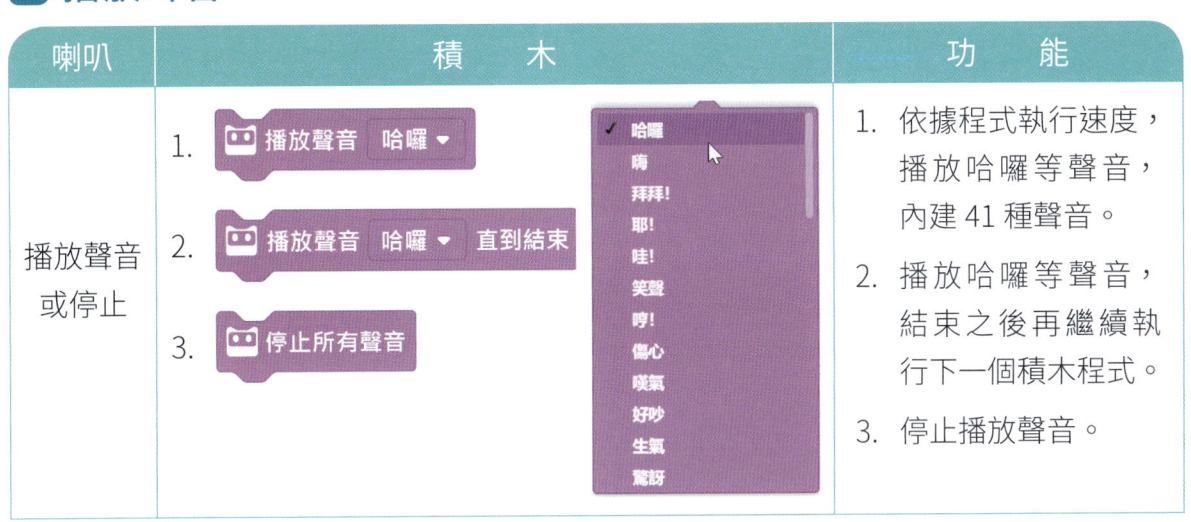

喇叭	積　　木	功　　能
播放聲音或停止	1. 播放聲音 哈囉 ▼ 2. 播放聲音 哈囉 ▼ 直到結束 3. 停止所有聲音 （下拉選單：哈囉、嗨、拜拜!、耶!、哇!、笑聲、哼!、傷心、嘆氣、好吵、生氣、驚訝）	1. 依據程式執行速度，播放哈囉等聲音，內建41種聲音。 2. 播放哈囉等聲音，結束之後再繼續執行下一個積木程式。 3. 停止播放聲音。

小試身手 6　程小奔說哈囉（範例：ch2-6）

當按下按鈕 A 或 B 程小奔說三次哈囉。

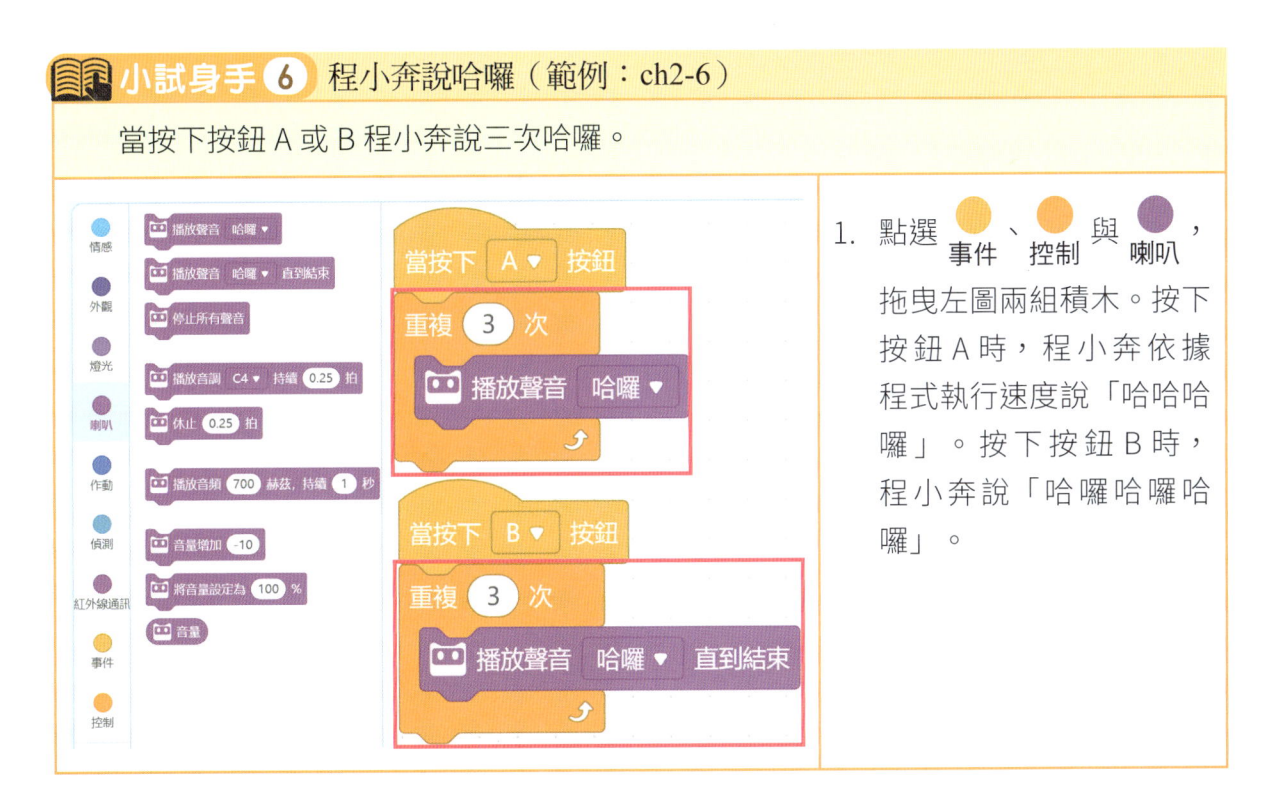

1. 點選 事件、控制 與 喇叭，拖曳左圖兩組積木。按下按鈕 A 時，程小奔依據程式執行速度說「哈哈哈囉」。按下按鈕 B 時，程小奔說「哈囉哈囉哈囉」。

腦力激盪 6　利用 事件、控制 與 喇叭，設計讓程小奔播放聲音。

播放音調與調整音量

小程能夠利用播放音調或音頻自訂播放的歌曲與節拍。

喇叭	積木	功能
播放音調	1. 播放音調 C4 持續 0.25 拍 2. 休止 0.25 拍 3. 播放音頻 700 赫茲, 持續 1 秒	1. 播放音調 C2～D8，0.25 拍。 　音調範圍：從 C（Do）～B（Si）。 　音階範圍：從 2（低音）～8（高音）。 　節拍：1 拍、0.5 拍、0.25 拍、0.125 拍。 2. 休息 0.25 拍。 3. 播放音頻 700 赫茲 1 秒。
調整音量	1. 將音量設定為 100 % 2. 音量增加 -10 3. 音量	1. 設定音量為 0～100%。 2. 增加或降低音量，正數增加、負數降低。 3. 傳回喇叭的音量值。

音調、音符與音頻對照表

音調	C	D	E	F	G	A	B
音符	Do	Re	Mi	Fa	So	La	Si
音頻	524	587	659	698	784	880	988

動感程小奔 Chapter・2

小試身手 ⑦ 程小奔播放音頻（範例：ch2-7）

當搖晃小程時，小程播放音頻 Do，Re，Mi，Fa，So，La，Si，高音 Do。

當Codey搖晃
- 播放音頻 524 赫茲，持續 1 秒
- 播放音頻 587 赫茲，持續 1 秒
- 播放音頻 659 赫茲，持續 1 秒
- 播放音頻 698 赫茲，持續 1 秒
- 播放音頻 784 赫茲，持續 1 秒
- 播放音頻 880 赫茲，持續 1 秒
- 播放音頻 988 赫茲，持續 1 秒
- 播放音頻 1046 赫茲，持續 1 秒

1. 點選 控制，拖曳 當Codey搖晃。

2. 點選 喇叭，拖曳 8 個 播放音頻 700 赫茲，持續 1 秒，分別輸入 524，587，659，698，784，880，988，1046。

3. 搖晃小程，檢查小程是否播放 Do～高音 Do 的音符。

2-5 動感程小奔流程規劃

當按下按鈕 A 時，程小奔播放快樂頌，每播放一句，LED 面板顯示表情，再移動 0.5 秒。

20 mins

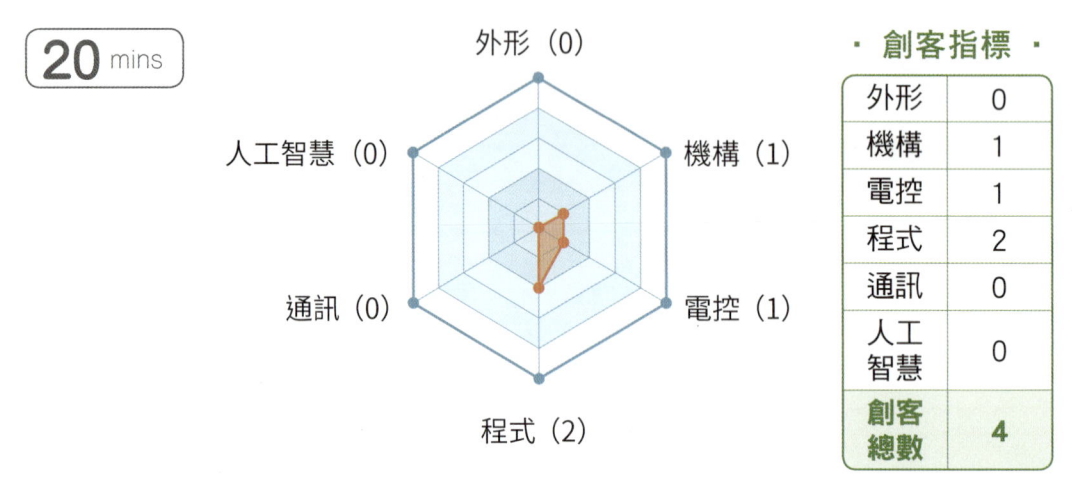

創客指標

外形	0
機構	1
電控	1
程式	2
通訊	0
人工智慧	0
創客總數	4

創客題目編號：A016001

■ 唱歌跳舞動感程小奔流程規劃

播放快樂頌每播放一句 → LED面板顯示表情 → 前、後、左右移動0.5秒

■ 快樂頌簡譜、音符與程式代碼對照表

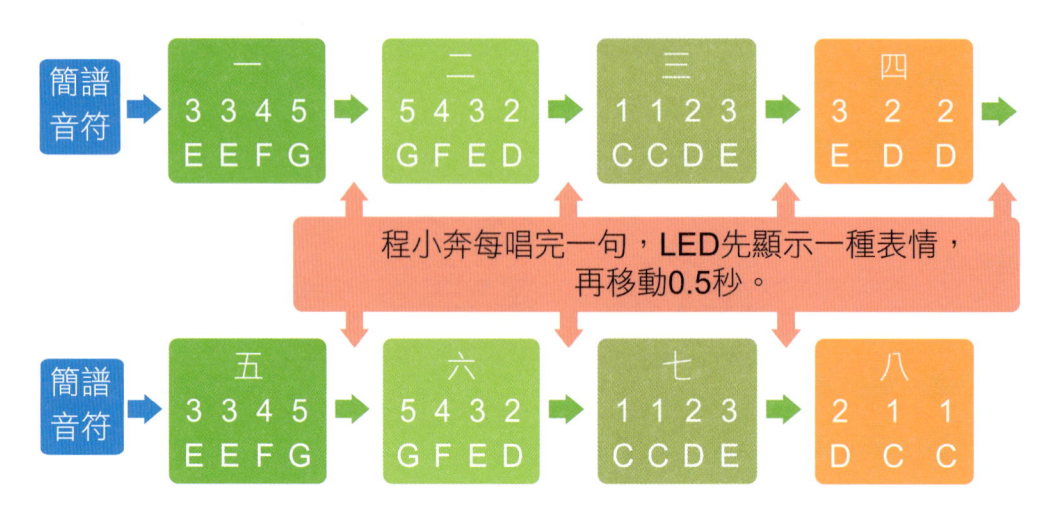

簡譜音符	一	二	三	四
	3 3 4 5	5 4 3 2	1 1 2 3	3 2 2
	E E F G	G F E D	C C D E	E D D

程小奔每唱完一句，LED先顯示一種表情，再移動0.5秒。

簡譜音符	五	六	七	八
	3 3 4 5	5 4 3 2	1 1 2 3	2 1 1
	E E F G	G F E D	C C D E	D C C

2-6 動感程小奔唱歌與跳舞

Step.01 連接小程與電腦設定【即時】，拖曳下圖積木：

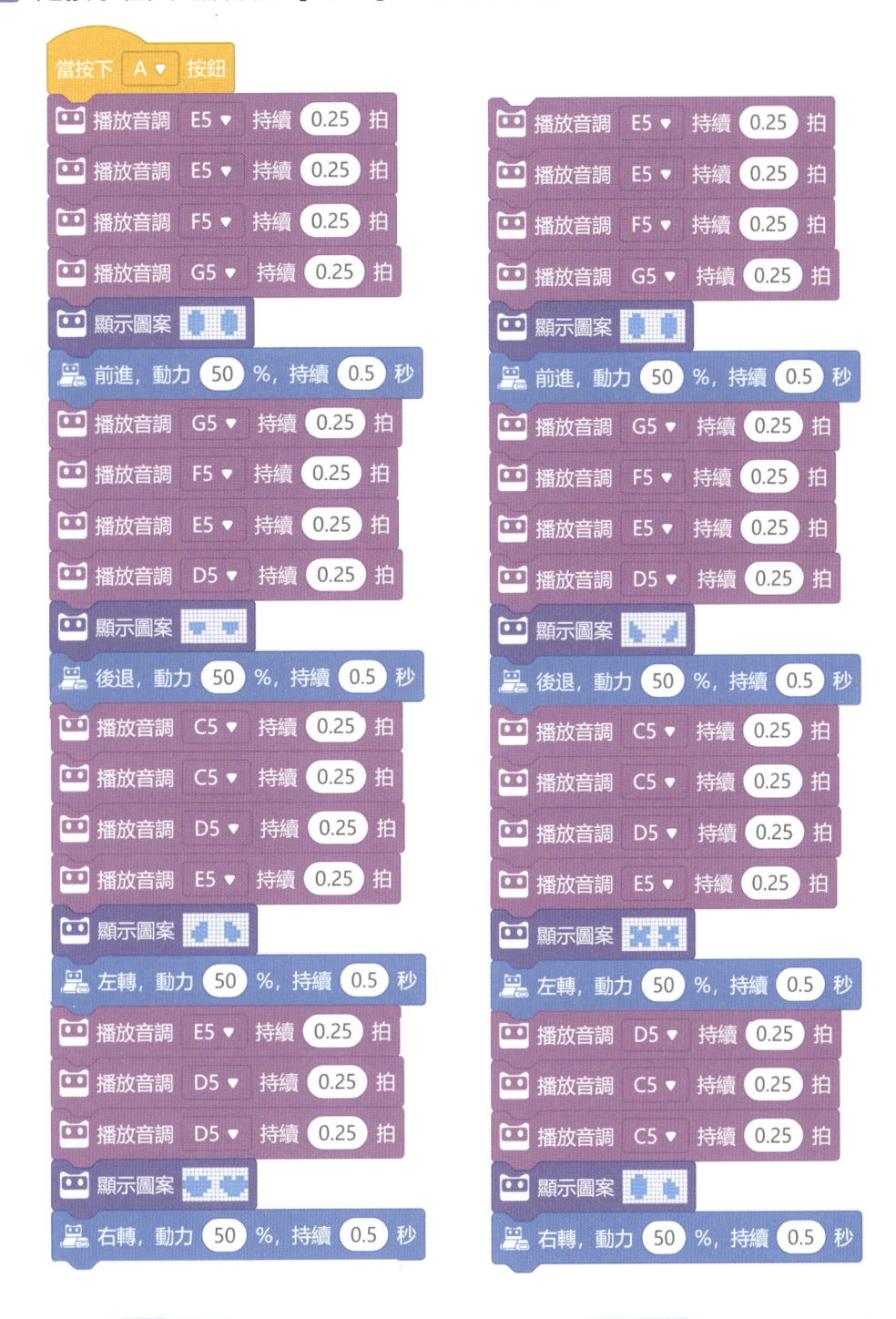

當按下 A ▼ 按鈕
- 播放音調 E5 ▼ 持續 0.25 拍
- 播放音調 E5 ▼ 持續 0.25 拍
- 播放音調 F5 ▼ 持續 0.25 拍
- 播放音調 G5 ▼ 持續 0.25 拍
- 顯示圖案
- 前進，動力 50 %，持續 0.5 秒
- 播放音調 G5 ▼ 持續 0.25 拍
- 播放音調 F5 ▼ 持續 0.25 拍
- 播放音調 E5 ▼ 持續 0.25 拍
- 播放音調 D5 ▼ 持續 0.25 拍
- 顯示圖案
- 後退，動力 50 %，持續 0.5 秒
- 播放音調 C5 ▼ 持續 0.25 拍
- 播放音調 C5 ▼ 持續 0.25 拍
- 播放音調 D5 ▼ 持續 0.25 拍
- 播放音調 E5 ▼ 持續 0.25 拍
- 顯示圖案
- 左轉，動力 50 %，持續 0.5 秒
- 播放音調 E5 ▼ 持續 0.25 拍
- 播放音調 D5 ▼ 持續 0.25 拍
- 播放音調 D5 ▼ 持續 0.25 拍
- 顯示圖案
- 右轉，動力 50 %，持續 0.5 秒

(續)
- 播放音調 E5 ▼ 持續 0.25 拍
- 播放音調 E5 ▼ 持續 0.25 拍
- 播放音調 F5 ▼ 持續 0.25 拍
- 播放音調 G5 ▼ 持續 0.25 拍
- 顯示圖案
- 前進，動力 50 %，持續 0.5 秒
- 播放音調 G5 ▼ 持續 0.25 拍
- 播放音調 F5 ▼ 持續 0.25 拍
- 播放音調 E5 ▼ 持續 0.25 拍
- 播放音調 D5 ▼ 持續 0.25 拍
- 顯示圖案
- 後退，動力 50 %，持續 0.5 秒
- 播放音調 C5 ▼ 持續 0.25 拍
- 播放音調 C5 ▼ 持續 0.25 拍
- 播放音調 D5 ▼ 持續 0.25 拍
- 播放音調 E5 ▼ 持續 0.25 拍
- 顯示圖案
- 左轉，動力 50 %，持續 0.5 秒
- 播放音調 D5 ▼ 持續 0.25 拍
- 播放音調 C5 ▼ 持續 0.25 拍
- 播放音調 C5 ▼ 持續 0.25 拍
- 顯示圖案
- 右轉，動力 50 %，持續 0.5 秒

Step.02 點選 上傳 即時 ，切換為【上傳】，再點擊 上傳 將程式上傳到程小奔。

Step.03 斷開程小奔與電腦連線，按下按鈕 A，檢查程小奔是否唱歌又跳舞。

實力評量

單選題

( ) 1. 如果想要設計按下小程的按鈕 A 開始執行程式，應該使用下列哪一個積木？

(A) 空白鍵▼ 鍵已按下？ (B) 當按下 A▼ 按鈕

(C) 按下 A▼ 按鈕？ (D) 紅外線遙控器的 A▼ 已按下？。

( ) 2. 如果想要利用小奔的直流減速電機，讓程小奔前進或後退，應該使用下列哪一類積木？

(A) 作動 (B) 事件 (C) 外觀 (D) 喇叭。

( ) 3. 下列哪一個積木能夠讓程小奔前進 1 秒之後停止？

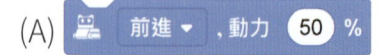

(A) 前進▼, 動力 50 % (B) 前進, 動力 50 %, 持續 1 秒

(C) 左輪動力 50 %, 右輪動力 50 % (D) 後退, 動力 50 %, 持續 1 秒。

( ) 4. 如果想要設計讓小程的 LED 面板顯示文字或圖案，應該使用下列哪一類積木？

(A) 作動 (B) 照明 (C) 外觀 (D) 運算。

( ) 5. 如果想要在小程的 LED 面板設計自己畫的圖案，應該使用下列哪一個積木？

(A) 清除螢幕 (B) 顯示文字 hello

(C) 說 你好！ (D) 顯示圖案。

( ) 6. 如果想要讓小程的 LED 面板顯示 電池電量，應該使用下列哪一個積木？

(A) 清除螢幕 (B) 顯示文字 hello

(C) 說 你好！ (D) 顯示圖案。

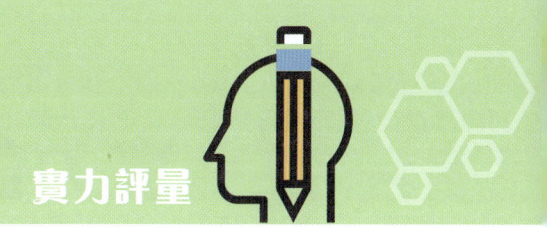

( ) 7. 關於下圖程式的敘述，何者「錯誤」？

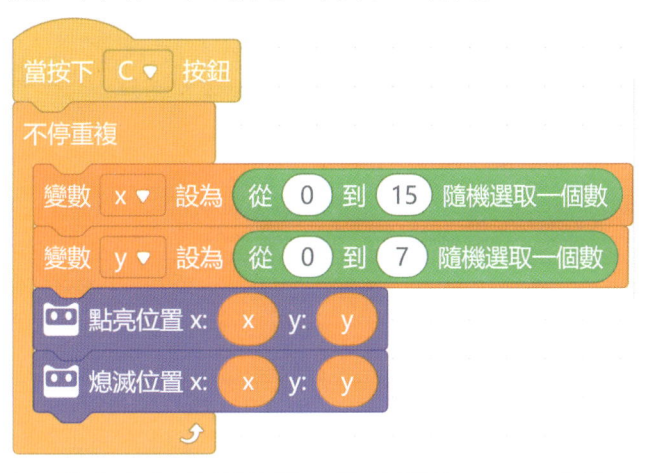

(A) 點亮小程面板隨機一個位置的 LED，永不熄滅
(B) 點亮小程面板隨機一個位置的 LED，再熄滅
(C) X 為小程橫向 LED 的坐標
(D) Y 為小程縱向 LED 的坐標。

( ) 8. 如果想要讓小程的喇叭播放音調，應該使用下列哪一類積木？

(A) 燈光　(B) 偵測　(C) 喇叭　(D) 外觀。

( ) 9. 下列哪一個積木能夠播放音調「DO」？

(A) 播放音頻 700 赫茲, 持續 1 秒
(B) 休止 0.25 拍
(C) 停止所有聲音
(D) 播放音調 C4 持續 0.25 拍。

( ) 10. 關於右圖程式的敘述，何者「正確」？
(A) 顯示文字 E5，E5，F5，G5
(B) 先播放音調、再顯示圖案，最後前進 0.5 秒
(C) 當啟動小程時，開始執行
(D) 上傳程式程小奔才能夠執行。

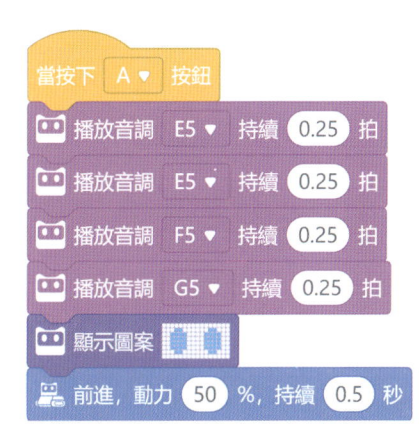

實力評量

實作題

1. 請利用 ●(燈光) 的 [LED燈的 紅色▼ 值設為 255] 或 [LED 燈的顏色設為 ●] 積木，設計程小奔在唱歌跳舞過程點亮 LED 燈。

2. 請利用 ●(外觀) 的 [顯示 hello 直到全部顯示] 或 [顯示文字 hello] 積木，設計程小奔在唱歌跳舞過程中顯示文字。

Chapter 3 聲控程小奔

本章將利用聲音感測器，設計聲控程小奔，讓程小奔在有聲音的情境下前進、靜音時停止。

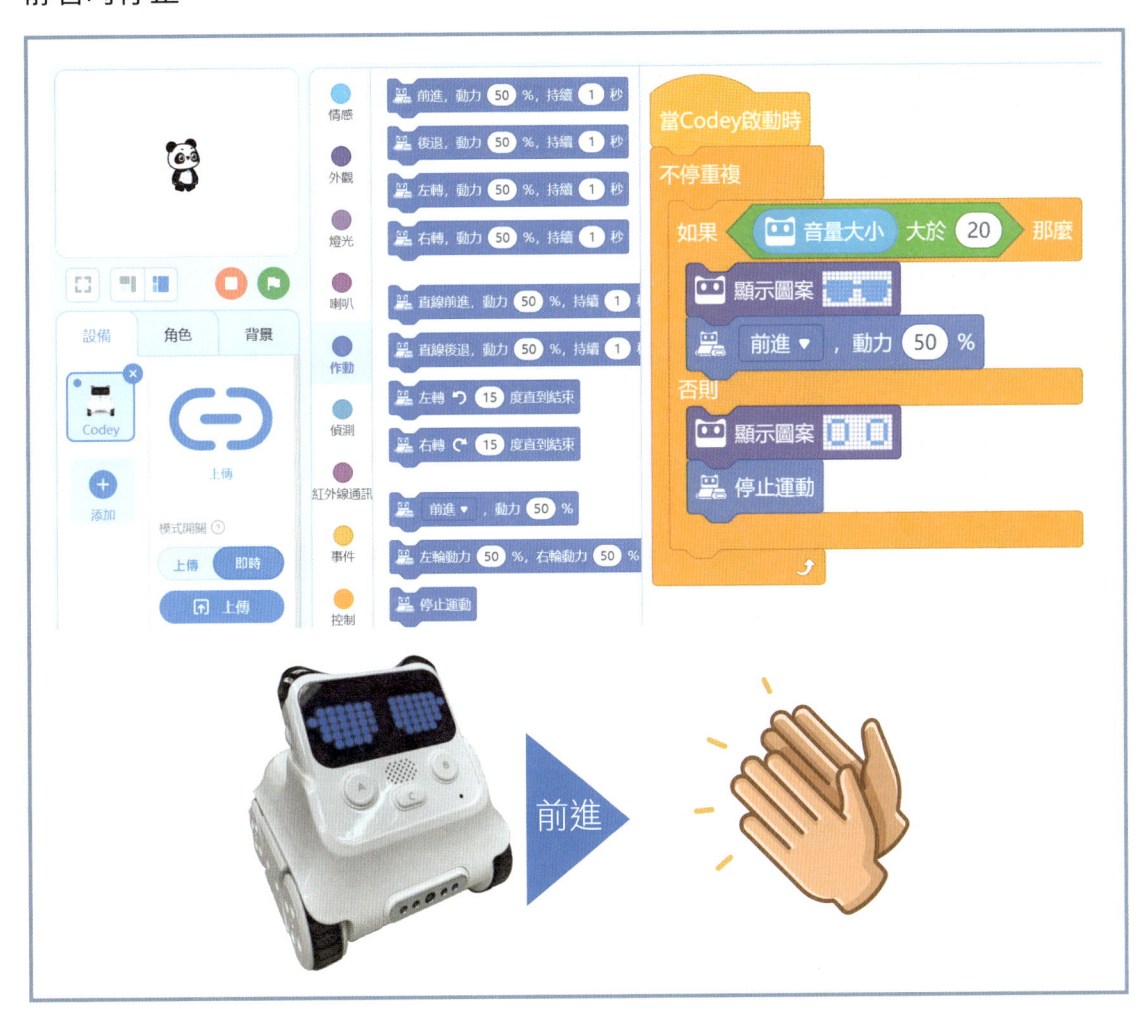

本章學習目標

1. 能夠理解小奔的聲音感測器原理。
2. 能夠應用小奔的聲音感測器，設計程小奔偵測聲音前進。
3. 能夠應用小奔的聲音感測器，設計程小奔在靜音時停止。

3-1 聲音感測器：程小奔顯示音量值

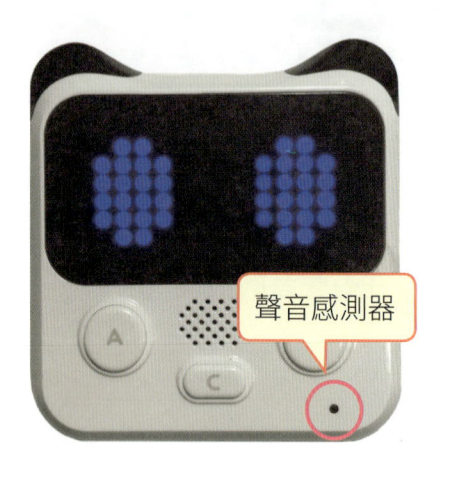

程小奔的聲音感測器負責偵測聲音的音量值。

mBlock 5 設備 的 偵測 積木中，與聲音感測器相關的積木如下：

聲音	積　　木	功　　能
音量值	音量大小	傳回程小奔聲音感測器偵測的音量值。
聲音啟動	當 音量值 > 10	當音量值大於 10，開始執行下方每一行積木。

小試身手 ① 程小奔顯示音量值（範例：ch3-1）

對著小程拍手或唱歌，在舞台顯示小程聲音感測器偵測的音量大小。

1. 將 Micro USB 連接小程與 USB 連接電腦，開啟程小奔電源。
2. 開啟 mBlock5，在「設備」按 連接 ，並設定為 上傳 即時【即時】，即時連線。

3. 點選 事件 、 控制 、 外觀 與 偵測 ，拖曳左圖積木，小程的 LED 面板重複顯示音量值。

4. 勾選 音量大小 ，在舞台顯示即時音量值。

5. 播放音效，檢查小程顯示的「音量值」為：_____。
6. 在靜音環境，檢查小程顯示的「音量值」為：_____。

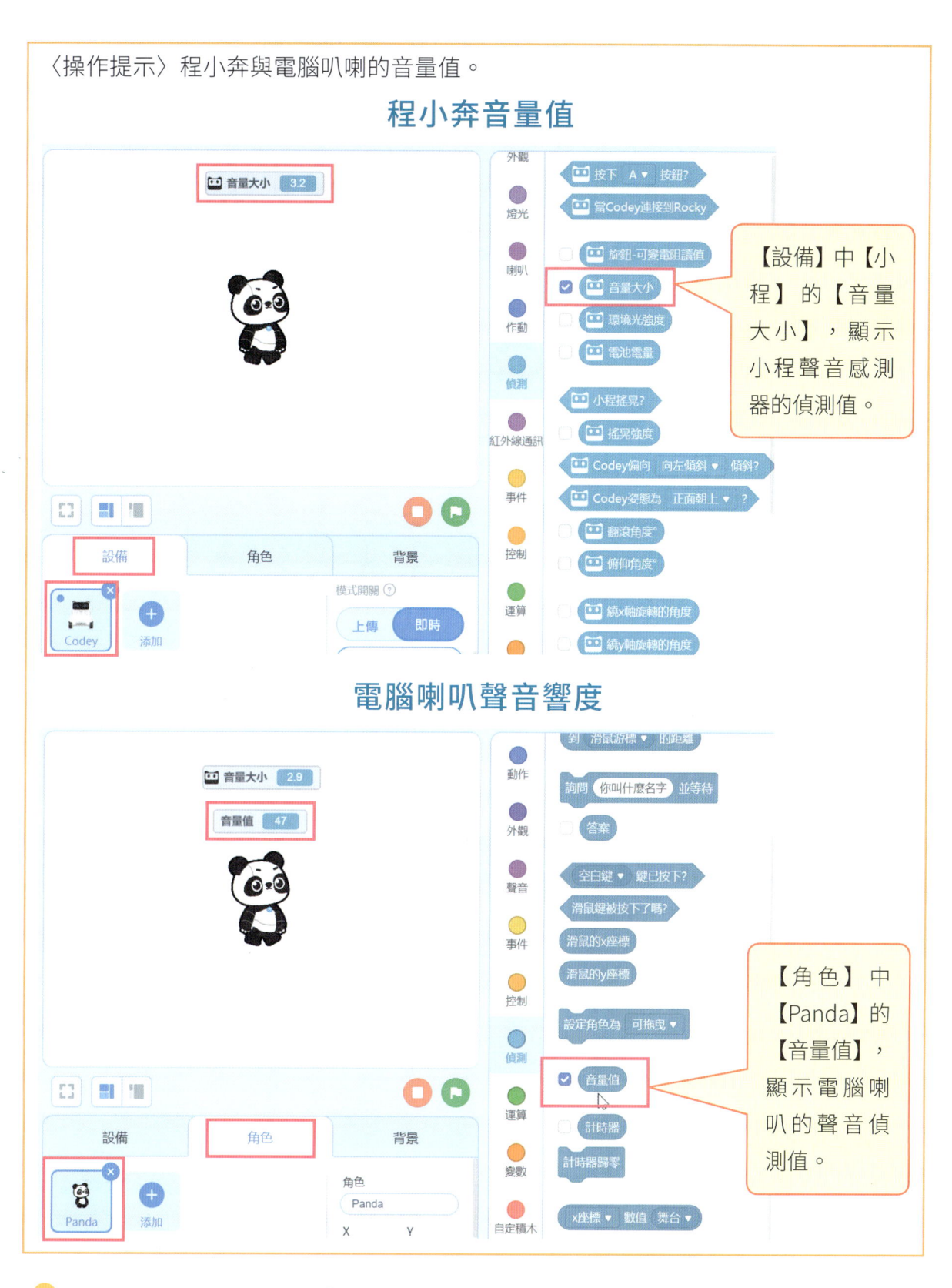

〈操作提示〉程小奔與電腦叭喇的音量值。

程小奔音量值

【設備】中【小程】的【音量大小】，顯示小程聲音感測器的偵測值。

電腦喇叭聲音響度

【角色】中【Panda】的【音量值】，顯示電腦喇叭的聲音偵測值。

腦力激盪 1 請利用 ●事件、●控制、●外觀 與 ●偵測，設計當小程偵測到聲音時，小程做出 LED 面板或動作的反應變化。

3-2 算術運算：攝氏溫度轉華氏

mBlock 5 設備 (Codey) 的 ●運算 積木，負責執行算術運算、關係運算或布林運算。其中算術運算負責執行加、減、乘、除、兩數相除的餘數、指數、對數或三角函數、絕對值等，與數學相關的計算。

運算積木可以堆疊在其他積木 (+) 「白色」欄位的上方位置，愈上層積木優先執行順序愈高。例如：(30 * 9 / 5 + 32)，先計算「乘」，再計算「除」，最後才計算「加」。

算術運算	積　　木	功　　能
加	(+)	將兩數相加。
減	(-)	第 1 個數減第 2 個數。
乘	(*)	將兩數相乘。
除	(/)	第 1 個數除以第 2 個數。
隨機取一個數	在 1 到 10 間隨機取一個數	從第 1 個數（1）到第 2 個數（10）之間隨機選一個數。
餘數	( ) 除以 ( ) 的餘數	傳回第 1 個數除以第 2 個數的餘數。
四捨五入	將 ( ) 四捨五入	傳回四捨五入的值。
更多運算	絕對值 ▼ 數值 ( ) ✓ 絕對值 無條件捨去 無條件進位 平方根 sin cos tan asin acos atan ln log	傳回更多運算結果，包括：絕對值、無條件捨去、無條件進位、平方根、三角函數、指數與對數等。

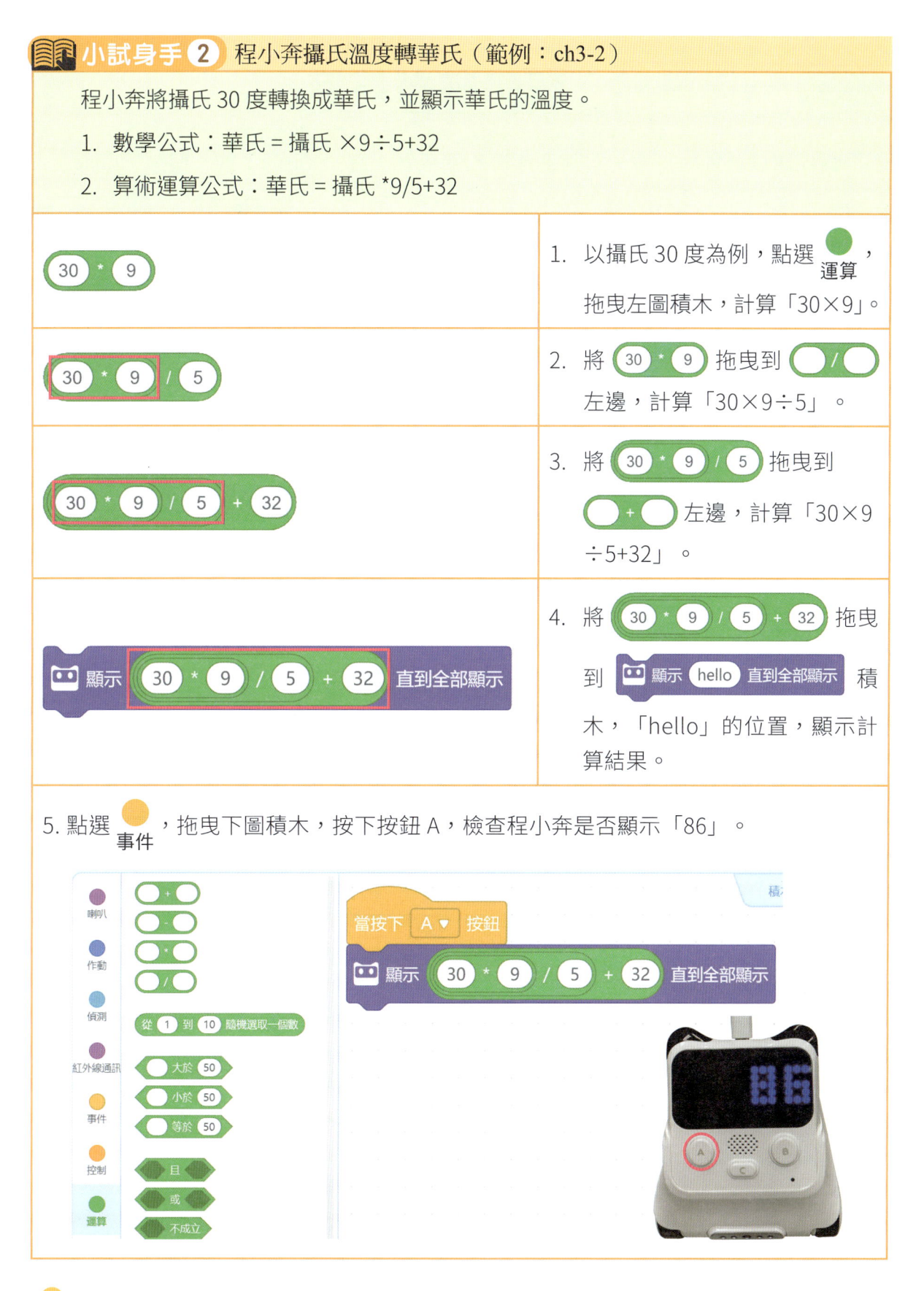

小試身手 ❷ 程小奔攝氏溫度轉華氏（範例：ch3-2）

程小奔將攝氏 30 度轉換成華氏，並顯示華氏的溫度。

1. 數學公式：華氏 = 攝氏 ×9÷5+32
2. 算術運算公式：華氏 = 攝氏 *9/5+32

(30 * 9)	1. 以攝氏 30 度為例，點選 ●運算，拖曳左圖積木，計算「30×9」。
(30 * 9 / 5)	2. 將 (30 * 9) 拖曳到 (○/○) 左邊，計算「30×9÷5」。
(30 * 9 / 5 + 32)	3. 將 (30 * 9 / 5) 拖曳到 (○+○) 左邊，計算「30×9÷5+32」。
顯示 (30 * 9 / 5 + 32) 直到全部顯示	4. 將 (30 * 9 / 5 + 32) 拖曳到 顯示 hello 直到全部顯示 積木，「hello」的位置，顯示計算結果。

5. 點選 ●事件，拖曳下圖積木，按下按鈕 A，檢查程小奔是否顯示「86」。

當按下 A▼ 按鈕
顯示 (30 * 9 / 5 + 32) 直到全部顯示

腦力激盪 ❷ 請利用 ●事件、●外觀 與 ●運算，設計程小奔計算數學運算。

3-3 關係運算：程小奔辨真假

關係運算負責執行左、右兩邊運算的關係為「真」（true）或「假」（false）。

關係運算積木放在邏輯判斷 [如果 ◆ 那麼] 「如果 - 那麼」或 [如果 ◆ 那麼 否則] 「如果 - 那麼 - 否則」的  ◆ 「條件」位置。例如：[如果 音量大小 大於 10 那麼] 判斷「音量值是否大於 10」。

關係運算	積　　木	功　　能
大於	 ◯ 大於 50	邏輯判斷如果第 1 個數大於第 2 個數傳回「true」(真) 值。
等於	 ◯ 等於 50	邏輯判斷如果第 1 個數等於第 2 個數傳回「true」(真) 值。
小於	 ◯ 小於 50	邏輯判斷如果第 1 個數小於第 2 個數傳回「true」(真) 值。

小試身手 3　程小奔辨真假（範例：ch3-3）

當按下按鈕 A，程小奔顯示「81 平方根的數值」是否與「9」相等的關係運算結果。

絕對值 ▼ 數值 81 ✓ 絕對值 　無條件捨去 　無條件進位 　平方根 　sin 　cos 　tan	1. 點選 ● ，拖曳左圖積 　　運算 　木，勾選「平方根」，計 　算「81 平方根的數值」。
平方根 ▼ 數值 81 等於 9	2. 拖曳左圖積木，計算「81 　平方根的數值」=「9」

3. 點選 ● 、● 與 ● ，拖曳下圖積木，按下按鈕 A，檢查程小奔是否顯示「true」。
　　　　事件　外觀　運算

當按下 B ▼ 按鈕
😊 顯示 〔 平方根 ▼ 數值 81 等於 9 〕 直到全部顯示

腦力激盪 3 請利用 ● 、● 與 ● ，設計程小奔計算數學比較兩數大小關係。
　　　　　　　　　事件　外觀　　運算

3-4 控制重複執行：程小奔隨機選號

mBlock 5 設備 的 控制 積木，能夠控制程式執行時間、重複執行次數或依據條件判斷結果控制程式執行流程。

控制	積　　木	功　　能
等待	等待 1 秒	等待 1 秒再繼續執行下一行積木。
條件等待	等待直到	一直等待，直到條件成立再繼續執行下一行積木。
重複 n 次	第 1～10 次 重複 10 次 內層積木　第 11 次 下一行	重複執行內層積木 10 次。
不停重複	不停重複 內層積木	不停重複執行內層積木。

小試身手 4　程小奔隨機選號（範例：ch3-4）

當按下按鈕 B，小程重複執行 5 次，在 1 到 30 之間隨機取一個數，隨機顯示 5 個數字。

1. 點選 事件、控制、外觀 與 運算，拖曳下圖積木，讓程小奔每隔 1 秒隨機取一個數。

    當按下 B 按鈕
    重複 5 次
    　顯示 從 1 到 30 隨機選取一個數 直到全部顯示
    　等待 1 秒

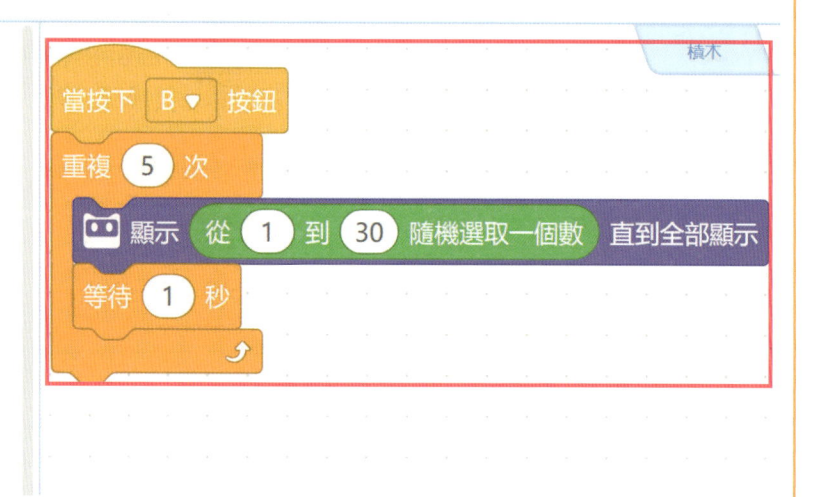

2. 按下按鈕 B，小程在 1～30 之間，隨機顯示 5 個數。

3-5 控制邏輯判斷：聲控程小奔開心音效

控制的邏輯判斷，依據「條件」判斷結果，分別執行不同流程。

控制	積木	功能
條件為真執行	如果〈條件〉那麼 真 → true：執行那麼內層 假 → false：執行下一行	如果條件為真（true），執行那麼內層積木。
條件為真／假分別執行	如果〈條件〉那麼 真 → true：執行那麼內層 否則 假 → false：執行否則內層	如果條件為真（true），執行那麼內層積木，如果條件為假（false），執行否則內層積木。

小試身手 5　聲控程小奔開心圖案（範例：ch3-5）

當啟動小程時，開始偵測音量值，當音量值大於 5，顯示開心圖案並播放聲音，否則清除畫面並停止所有聲音。

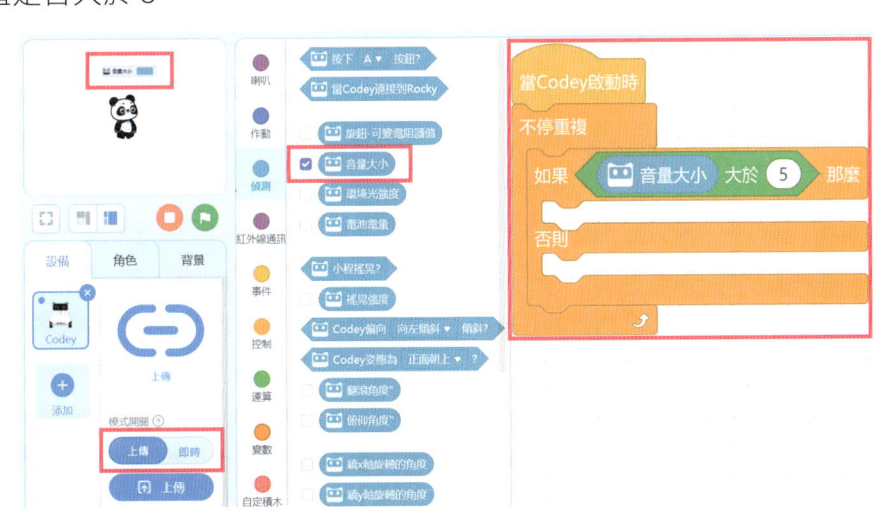

1. 點選 【上傳 / 即時】，設定為【上傳】。

2. 點選 ● 事件、● 控制、● 偵測 與 ● 運算，拖曳下圖積木，當程小奔啟動時，重複無限次偵測音量值是否大於 5。

〈操作提示〉設定為「上傳」模式，舞台不會顯示連線的即時音量值，只有「即時」模式才能夠顯示連線的即時音量值。

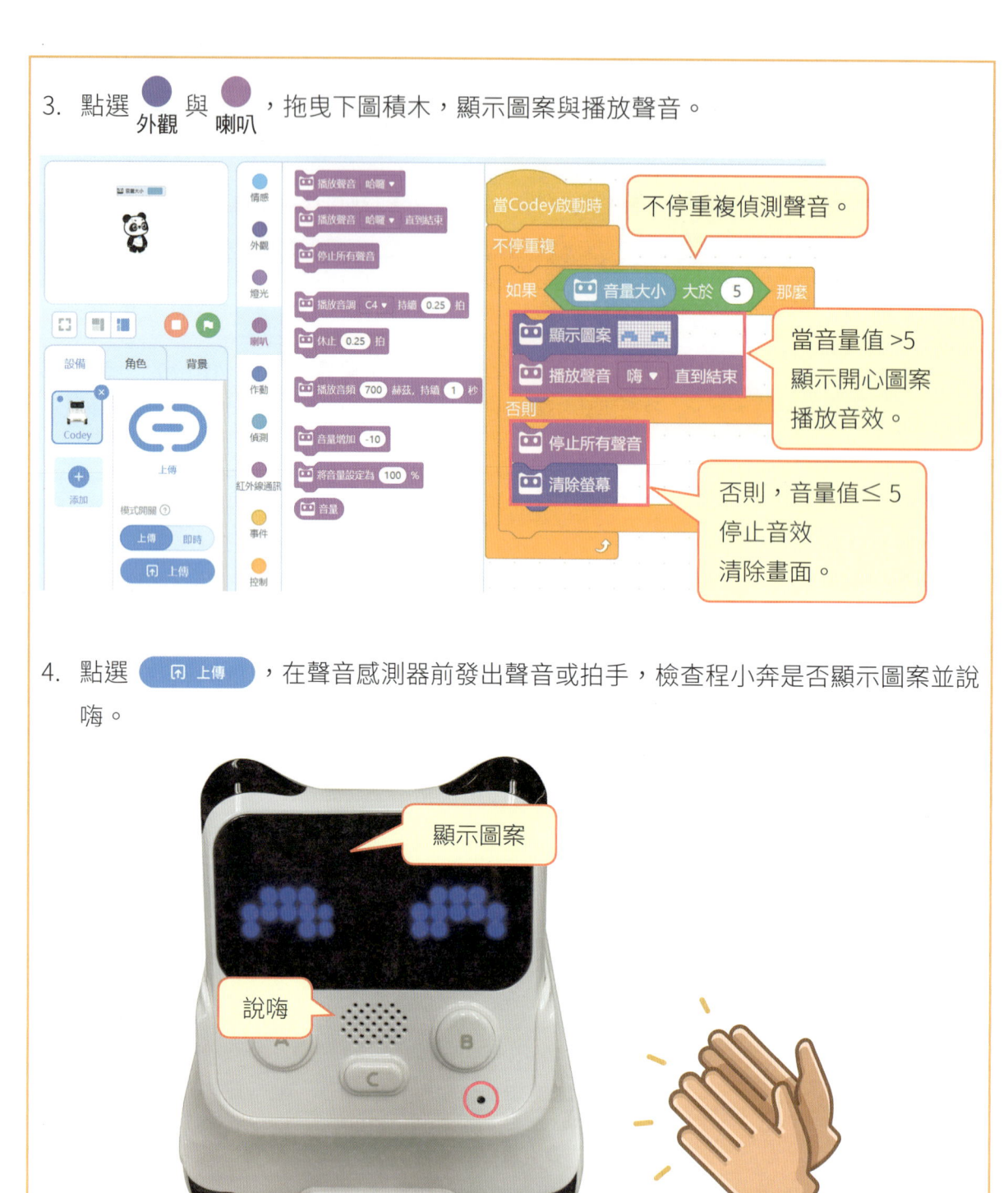

3. 點選 外觀 與 喇叭，拖曳下圖積木，顯示圖案與播放聲音。

   不停重複偵測聲音。

   當音量值 >5
   顯示開心圖案
   播放音效。

   否則，音量值 ≤ 5
   停止音效
   清除畫面。

4. 點選 上傳 ，在聲音感測器前發出聲音或拍手，檢查程小奔是否顯示圖案並說嗨。

   顯示圖案

   說嗨

3-6 聲控程小奔流程規劃

請設計當啟動小程時，開始偵測音量值，當音量值大於 20，顯示開心圖案並前進，否則清除畫面並停止。

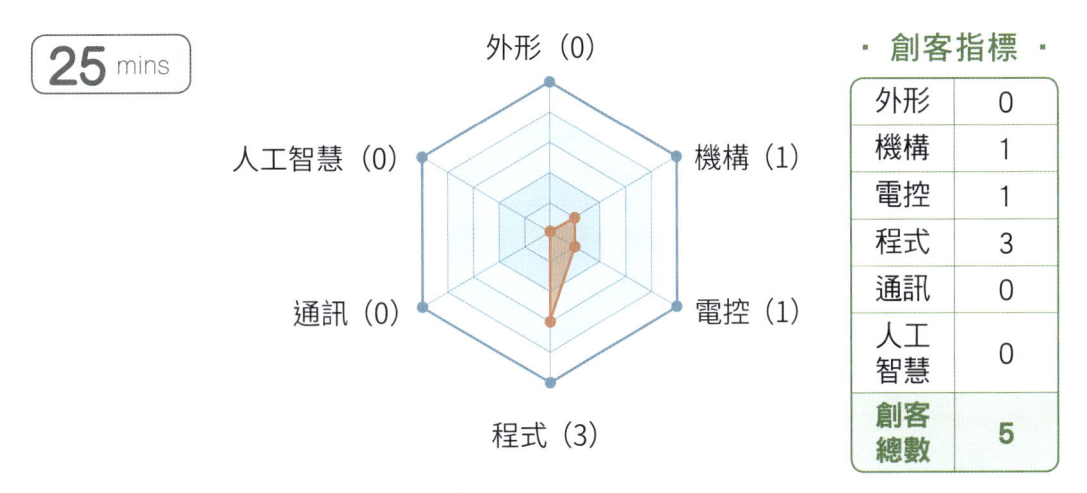

25 mins

外形（0）
機構（1）
電控（1）
程式（3）
通訊（0）
人工智慧（0）

· 創客指標 ·

外形	0
機構	1
電控	1
程式	3
通訊	0
人工智慧	0
創客總數	**5**

創客題目編號：A016002

聲控程小奔執行流程如下圖所示：

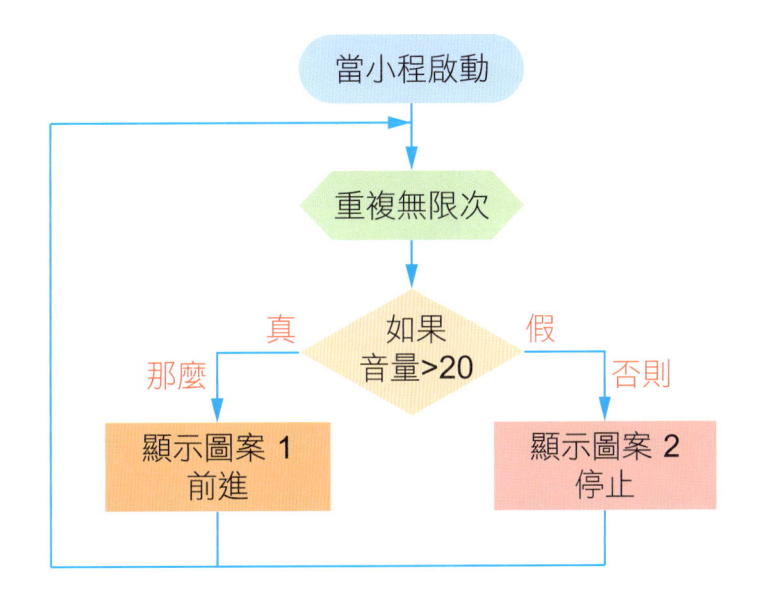

當小程啟動
↓
重複無限次
↓
如果 音量>20
真 那麼 → 顯示圖案 1 前進
假 否則 → 顯示圖案 2 停止

3-7 聲控程小奔

Step.01 連接小程與電腦設定【上傳】，拖曳下圖積木：

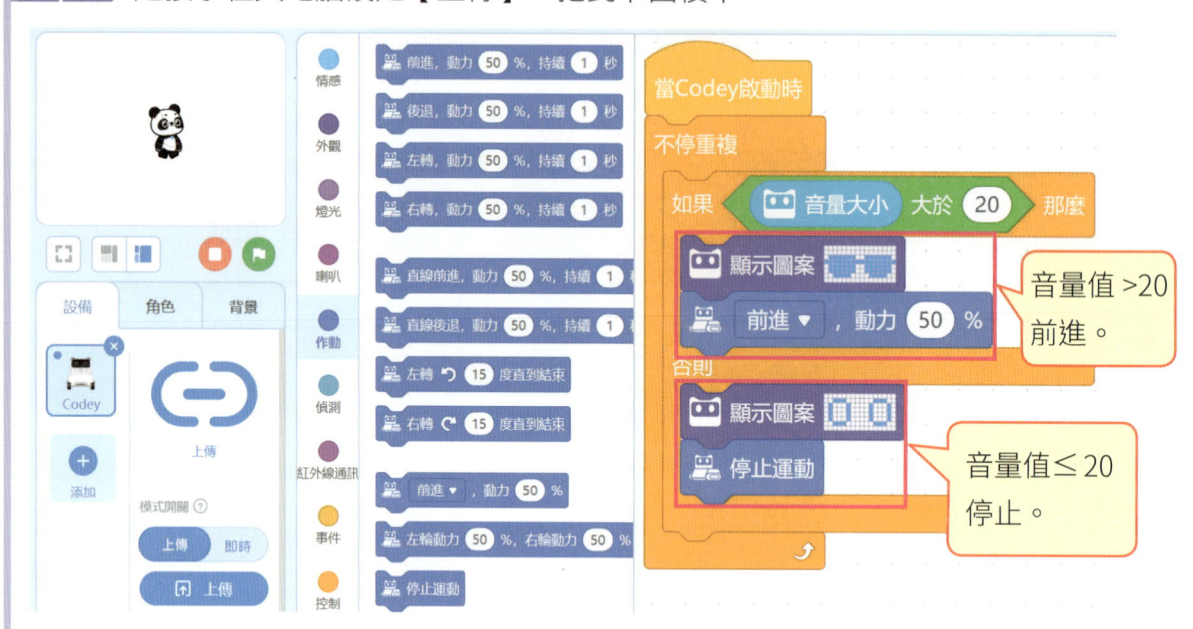

音量值 >20 前進。

音量值 ≤ 20 停止。

Step.02 點擊 上傳 ，將程式上傳到程小奔。

Step.03 斷開小奔與電腦連線，播放音樂給小程聽或對小程拍時，檢查程小奔是顯示圖案 1 並且前進、靜音時，小程顯示圖案 2 並且靜止不動。

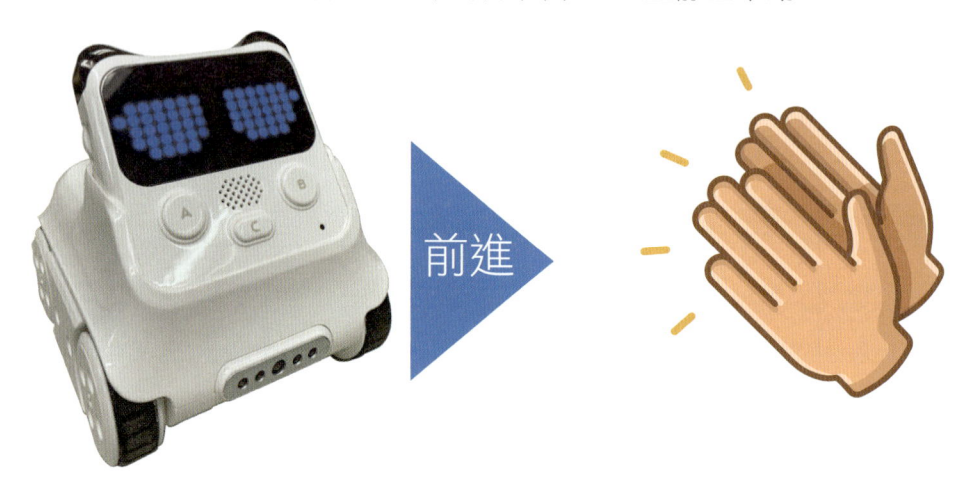

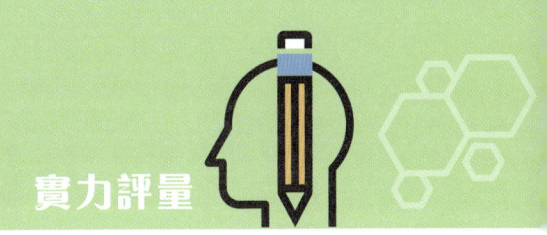

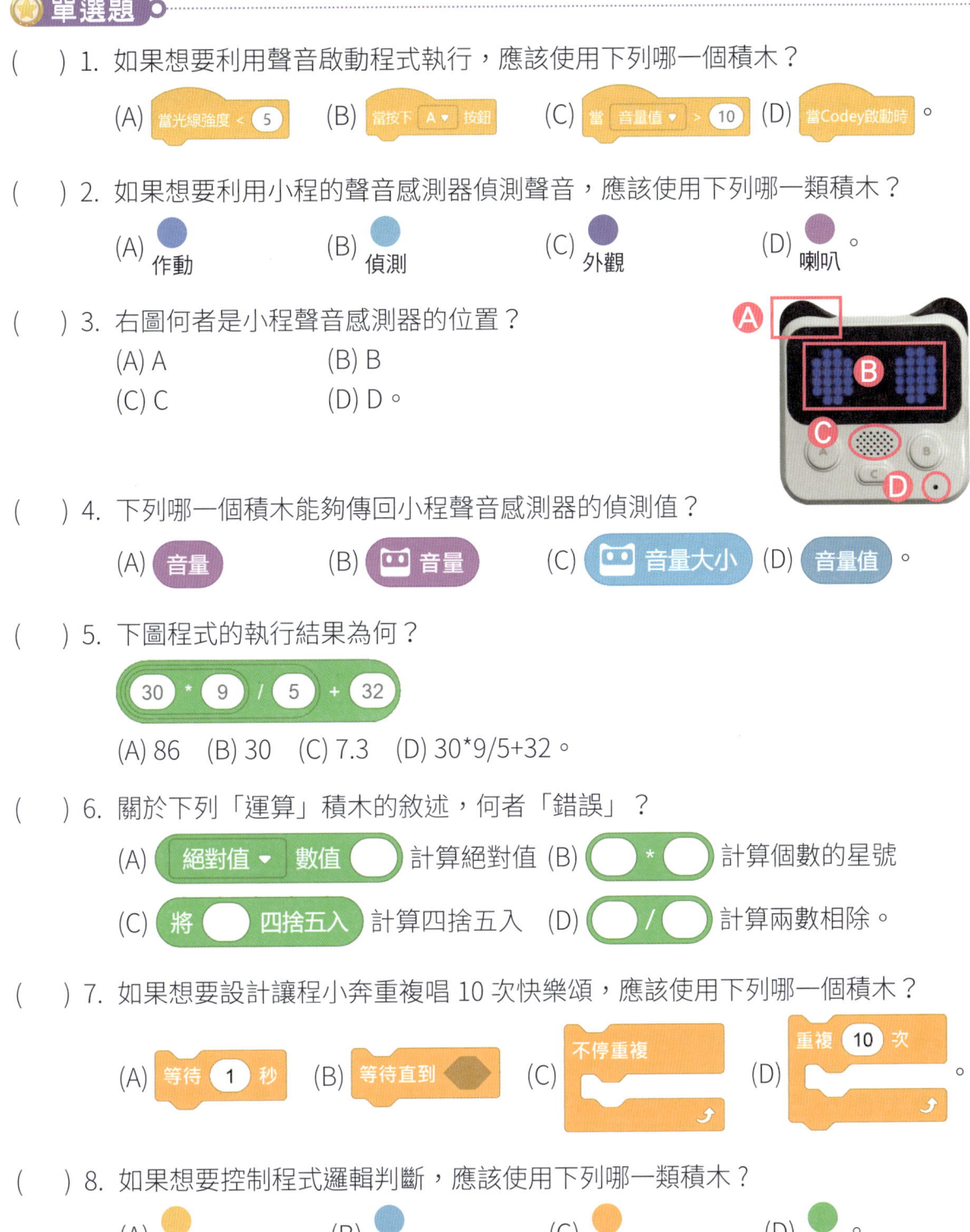

實力評量

單選題

( ) 1. 如果想要利用聲音啟動程式執行，應該使用下列哪一個積木？
　　(A) 當光線強度 < 5　(B) 當按下 A 按鈕　(C) 當 音量值 > 10　(D) 當Codey啟動時。

( ) 2. 如果想要利用小程的聲音感測器偵測聲音，應該使用下列哪一類積木？
　　(A) 作動　(B) 偵測　(C) 外觀　(D) 喇叭。

( ) 3. 右圖何者是小程聲音感測器的位置？
　　(A) A　(B) B
　　(C) C　(D) D。

( ) 4. 下列哪一個積木能夠傳回小程聲音感測器的偵測值？
　　(A) 音量　(B) 音量　(C) 音量大小　(D) 音量值。

( ) 5. 下圖程式的執行結果為何？
　　30 * 9 / 5 + 32
　　(A) 86　(B) 30　(C) 7.3　(D) 30*9/5+32。

( ) 6. 關於下列「運算」積木的敘述，何者「錯誤」？
　　(A) 絕對值 數值 計算絕對值　(B) ○ * ○ 計算個數的星號
　　(C) 將 ○ 四捨五入 計算四捨五入　(D) ○ / ○ 計算兩數相除。

( ) 7. 如果想要設計讓程小奔重複唱 10 次快樂頌，應該使用下列哪一個積木？
　　(A) 等待 1 秒　(B) 等待直到　(C) 不停重複　(D) 重複 10 次。

( ) 8. 如果想要控制程式邏輯判斷，應該使用下列哪一類積木？
　　(A) 事件　(B) 偵測　(C) 控制　(D) 運算。

實力評量

( ) 9. 關於右圖程式的敘述，何者「錯誤」？
(A) 音量小於或等於 5，播放聲音嗨
(B) 音量大於 5，播放聲音嗨
(C) 音量小於或等於 5，停止所有聲音
(D) 音量大於 5，顯示圖案。

( ) 10. 關於下圖程式的敘述，何者「正確」？

(A) 從 1 開始顯示，依序為 2，3，4，5
(B) 在 1～30 之間隨機顯示 1 個數，重複 5 次
(C) 每隔 1 秒顯示 5 個數
(D) 點擊綠旗開始執行。

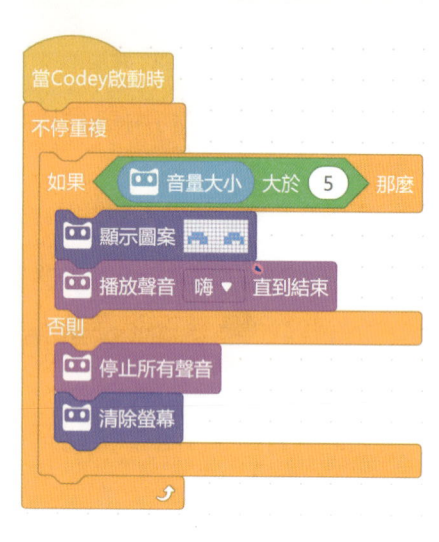

實作題

1. 請利用 [如果 那麼] 改寫程式，當音量值大於 5，顯示開心圖案並播放聲音，如果音量值沒有大於 5，清除螢幕並停止所有聲音。

2. 請利用 運算 的 [在 1 到 10 間隨機取一個數]、[除以 的餘數] 與 控制 的 [如果 那麼]，設計按下程小奔的按鈕時，在 1～10 之間隨機取一個數，並判斷是奇數或偶數。如果是奇數，小程面板顯示 Odd、如果是偶數，小程面板顯示 Even。

Chapter 4 光控程小奔

本章將利用光線感測器，設計光控程小奔，讓程小奔在開燈的情境下前進、關燈時停止。

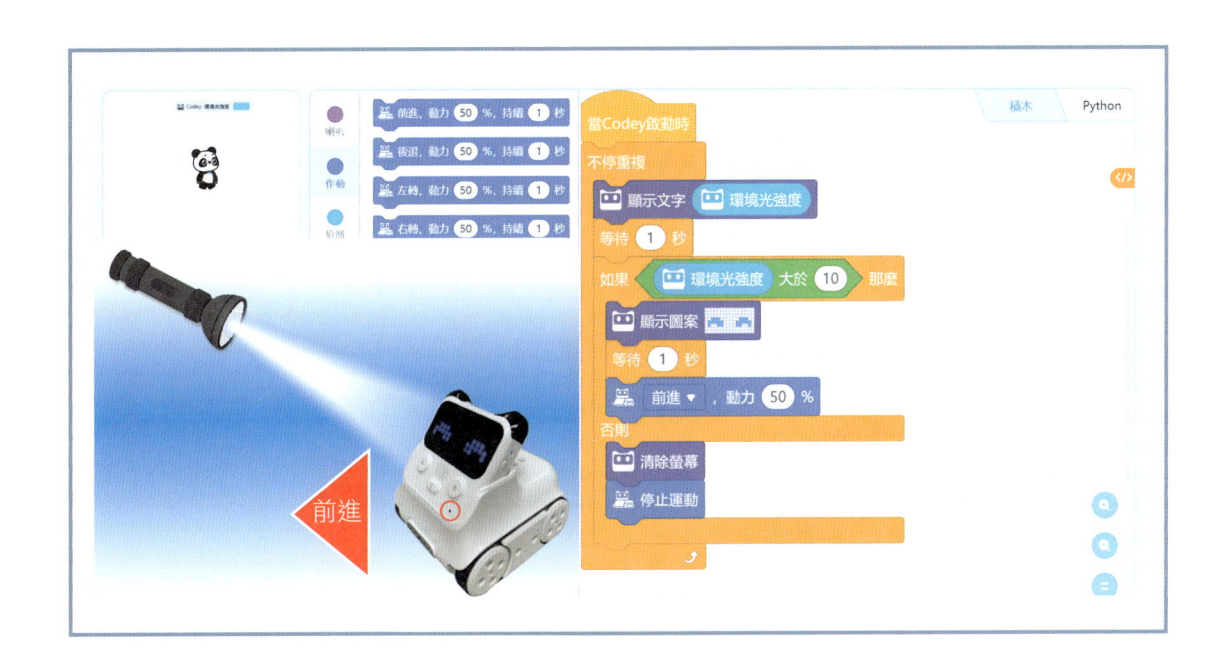

本章學習目標

1. 能夠理解小奔的光線感測器原理。
2. 能夠應用小奔的光線感測器，設計程小奔開燈前進。
3. 能夠應用小奔的光線感測器，設計程小奔關燈停止。

4-1 光線感測器：程小奔顯示光線值

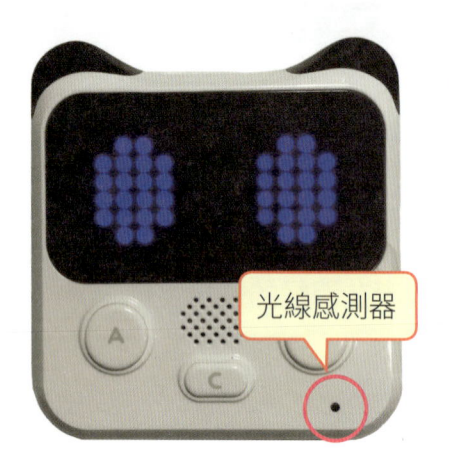

程小奔的光線感測器負責偵測光線強度。mBlock 5 設備 的 偵測 積木中，與光線感測器相關的積木如下：

光線	積　　木	功　　能
光線值	環境光強度	傳回小程光線感測器偵測的光線值。
光線啟動	當光線強度 < 5	當光線強度小於 5，開始執行下方每一行積木。

小試身手 ❶ 程小奔顯示光線值（範例：ch4-1）

對著小程開燈或關燈，在舞台顯示小程光線感測器偵測的光線強度。

1. 將 Micro USB 連接小程與 USB 連接電腦，開啟程小奔電源。
2. 開啟 mBlock5，在「設備」按 連接 ，並設定為 即時 【即時】，即時連線。
3. 點選 事件 、 外觀 與 偵測 ，拖曳左圖積木，小程 LED 面板顯示偵測的光線值。

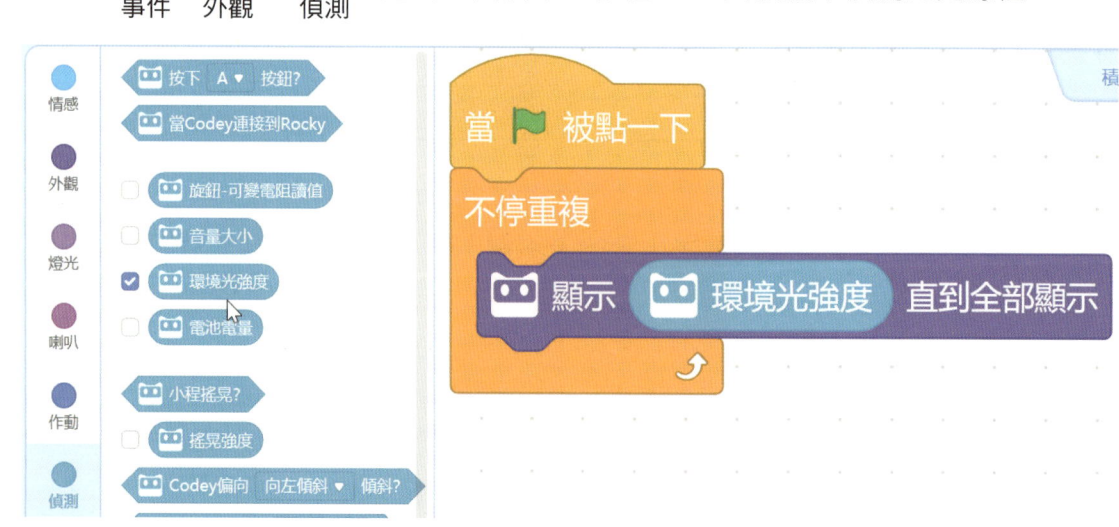

4. 勾選 環境光強度，在舞台顯示即時環境光線值。

5. 開啟燈光，檢查小程顯示的「光線值」為：_____。
6. 關閉燈光，檢查小程顯示的「光線值」為：_____。

腦力激盪 1 請利用偵測的環境光強度，設計當開燈時，程小奔說：「耶！」。

4-2 變數：骰子比大小

mBlock 5 設備 Codey 的 變數 積木，暫存程式執行過程的變數值。

變數	積木	功能
建立變數	建立變數	建立一個變數。
設定變數值	變數 A▼ 設為 0	設定變數值。
改變變數值	變數 A▼ 改變 1	改變變數值，正數：加；負數：減。
傳回變數值	A	傳回變數值。
顯示變數	顯示變數 A▼	在舞台顯示變數。
隱藏變數	隱藏變數 A▼	在舞台隱藏變數。

在舞台顯示或隱藏

傳回變數值，例如舞台顯示變數 A 值為 10

將變數 A 設為 0

將變數 A 加 1

58

小試身手 ❷　比大小（範例：ch4-2）

請利用變數，設計按下小程按鈕 A 時，小程在 1 到 99 間隨機取一個數 A；按下小程按鈕 B 時，小程在 1 到 99 間隨機取一個數 B；按下小程按鈕 C 時，判斷 A 與 B 兩個數的大小。

1. 連接程小奔與電腦，並設定為 上傳 即時，即時連線。
2. 點選 變數，建立變數，輸入【A】、【適用所有的角色】，再按【確認】。
3. 重複上一步驟，建立變數【B】。

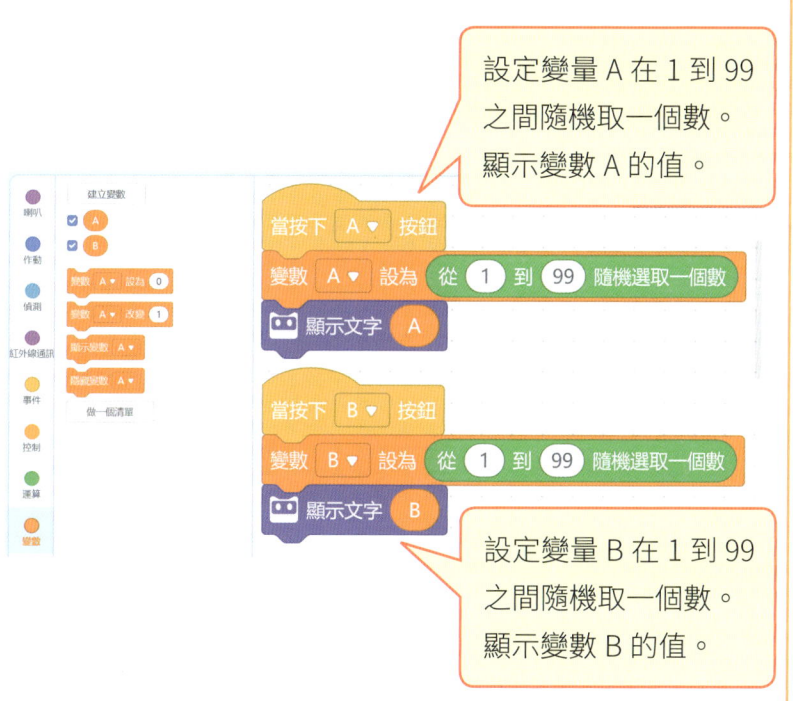

4. 點選 事件、外觀、變數與 運算，拖曳左圖積木，當按下按鈕 A 與 B 時，將變量 A 與 B 在 1～99 之間隨機取一個數。
5. 顯示 A 與 B 兩個數字。

設定變量 A 在 1 到 99 之間隨機取一個數。顯示變數 A 的值。

設定變量 B 在 1 到 99 之間隨機取一個數。顯示變數 B 的值。

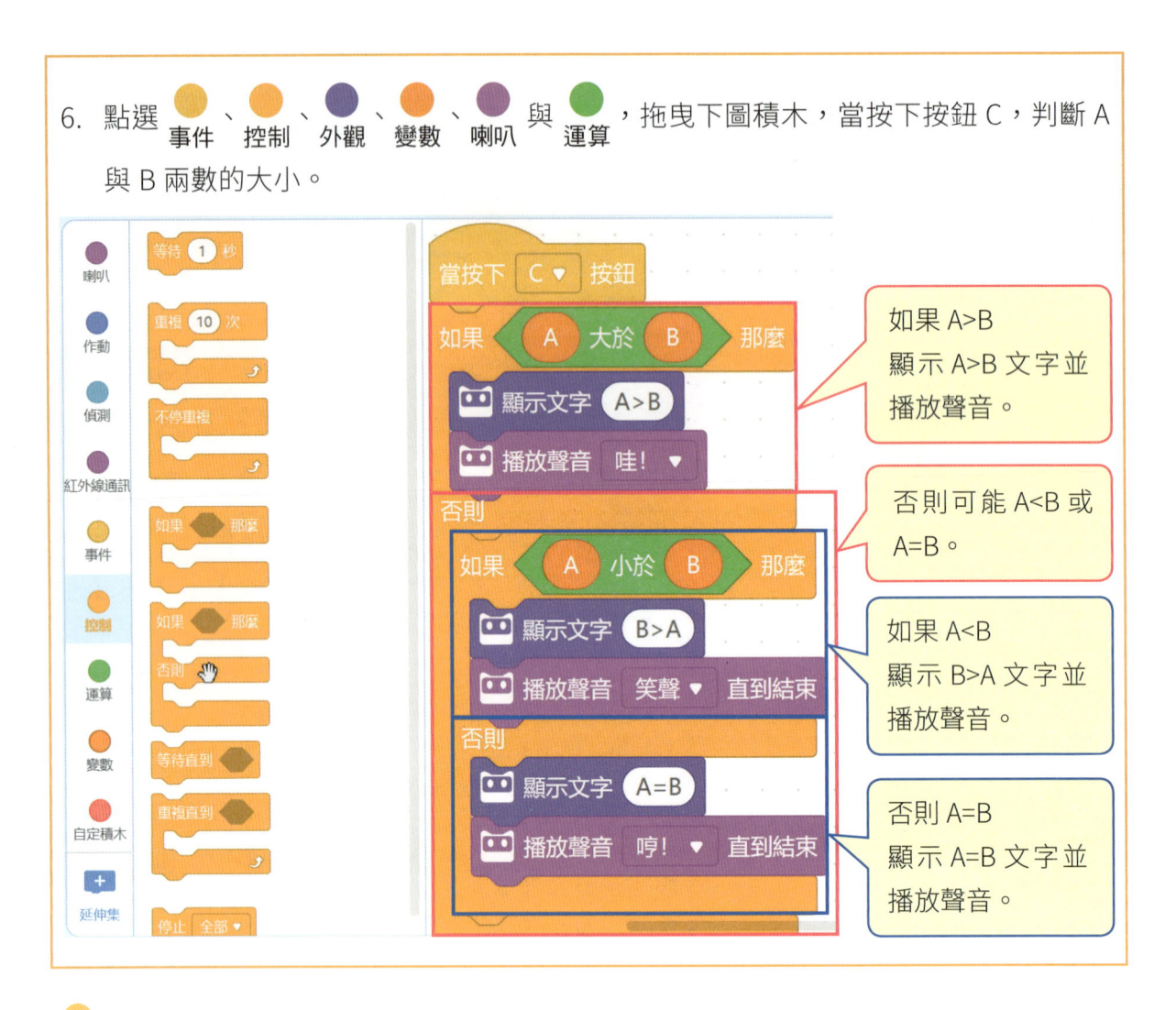

6. 點選 ●事件、●控制、●外觀、●變數、●喇叭 與 ●運算，拖曳下圖積木，當按下按鈕 C，判斷 A 與 B 兩數的大小。

如果 A>B
顯示 A>B 文字並播放聲音。

否則可能 A<B 或 A=B。

如果 A<B
顯示 B>A 文字並播放聲音。

否則 A=B
顯示 A=B 文字並播放聲音。

腦力激盪 2　請利用變數，設計骰子比大小，並顯示 A 贏、B 贏或平手。

4-3 光控程小奔流程規劃

請設計當啟動小程時,開始偵測環境光線值,當光線值大於 10,顯示開心圖案並前進,否則清除畫面並停止。

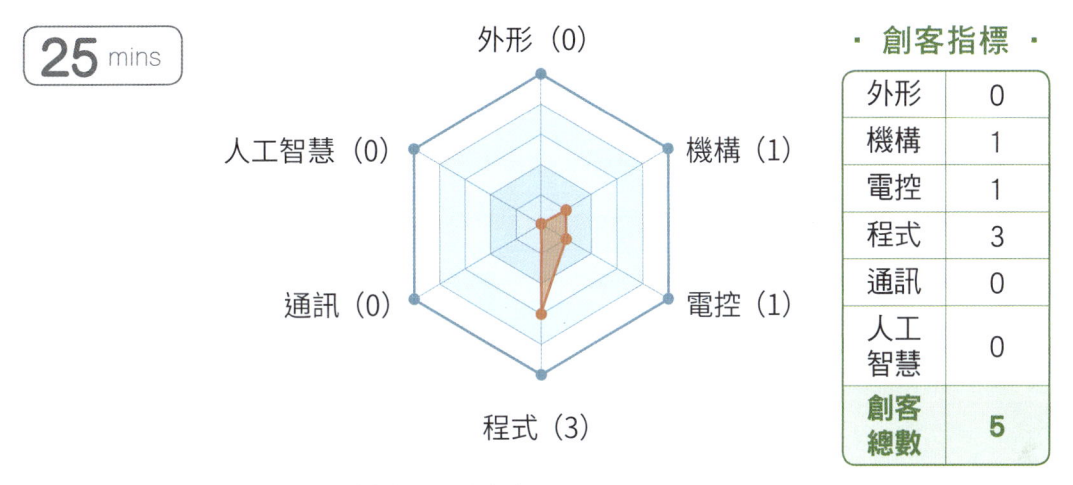

25 mins

創客指標

外形	0
機構	1
電控	1
程式	3
通訊	0
人工智慧	0
創客總數	5

外形(0)、機構(1)、電控(1)、程式(3)、通訊(0)、人工智慧(0)

創客題目編號:A016003

程小奔在開燈的情境下前進、關燈時停止。光控程小奔執行流程如下圖所示:

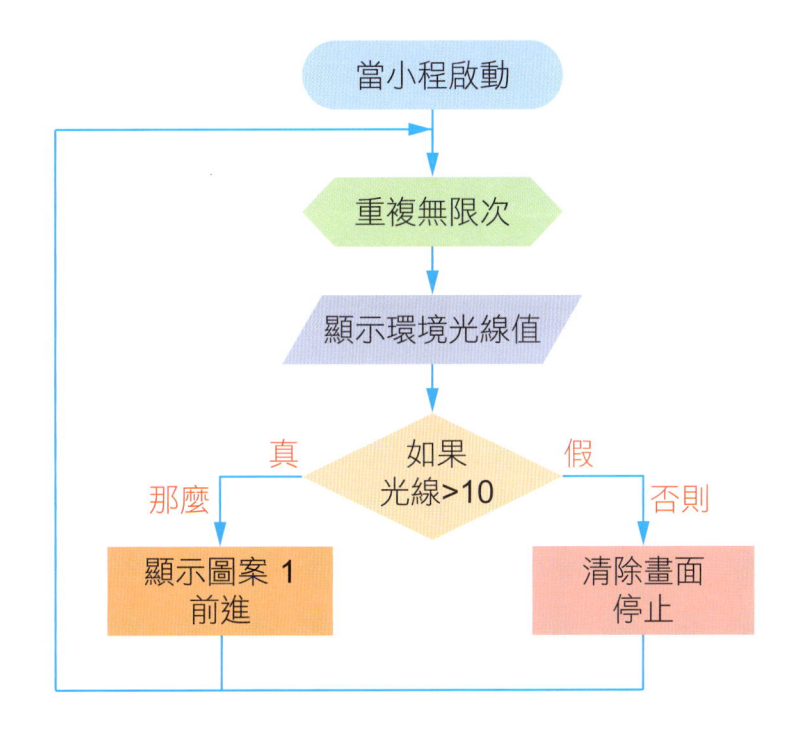

```
當小程啟動
    ↓
重複無限次
    ↓
顯示環境光線值
    ↓
如果 光線>10
  真/那麼 → 顯示圖案1 前進
  假/否則 → 清除畫面 停止
```

4-4 光控程小奔

Step.01 點選 上傳 即時，設定為【上傳】。

Step.02 點選 ●事件、●控制、●外觀、●偵測 與 ●運算，拖曳下圖積木，當程小奔啟動時，LED 面板顯示環境光線值，並重複無限次偵測環境光強度是否大於 10。

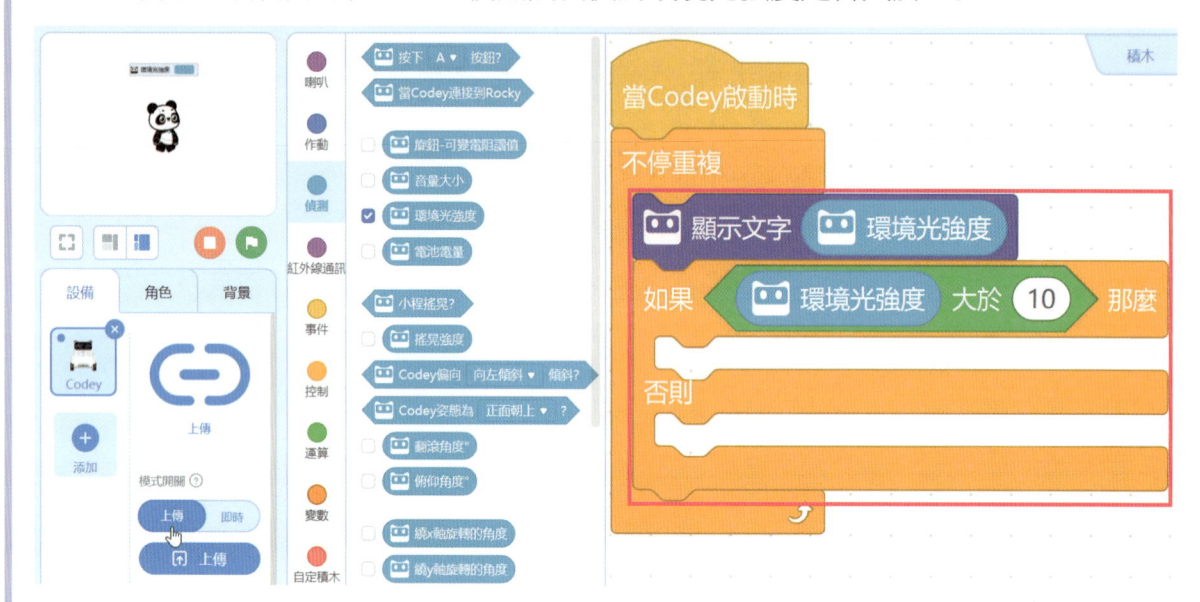

Step.03 點選與 ●外觀 與 ●作動，拖曳下圖積木，光線大於 10，程小奔顯示圖案並前進。

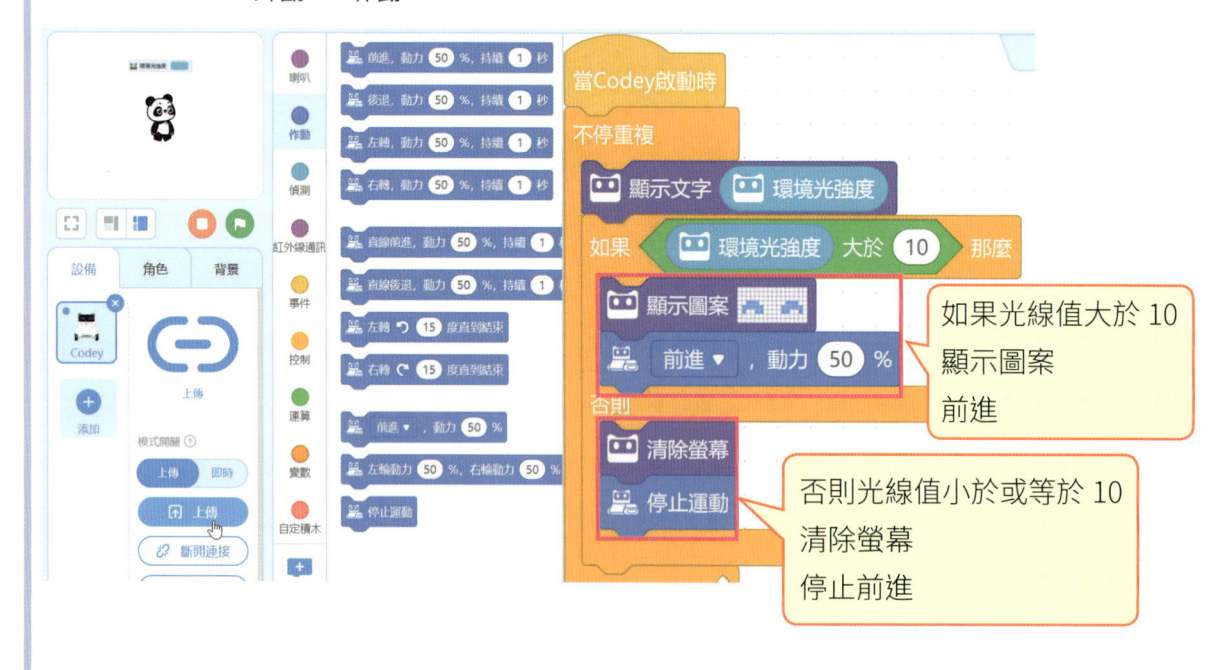

如果光線值大於 10
顯示圖案
前進

否則光線值小於或等於 10
清除螢幕
停止前進

光控程小奔 Chapter・4

Step.04 點選 ⬤控制，拖曳等待 1 秒，控制程小奔圖案顯示時間。

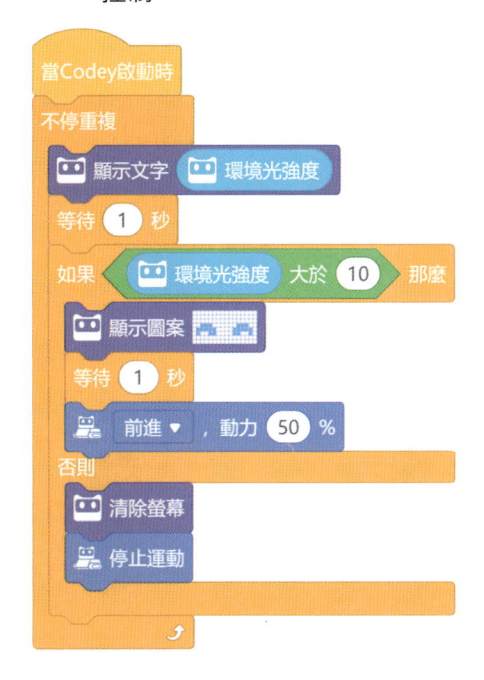

```
當Codey啟動時
不停重複
    顯示文字 環境光強度
    等待 1 秒
    如果 環境光強度 大於 10 那麼
        顯示圖案 
        等待 1 秒
        前進▼，動力 50 %
    否則
        清除螢幕
        停止運動
```

Step.05 點選 上傳 ，將程式上傳到程小奔。

Step.06 斷開程小奔與電腦連線，開燈，檢查程小奔是否顯示圖案並前進；關燈，程小奔是否關閉螢幕並停止前進。

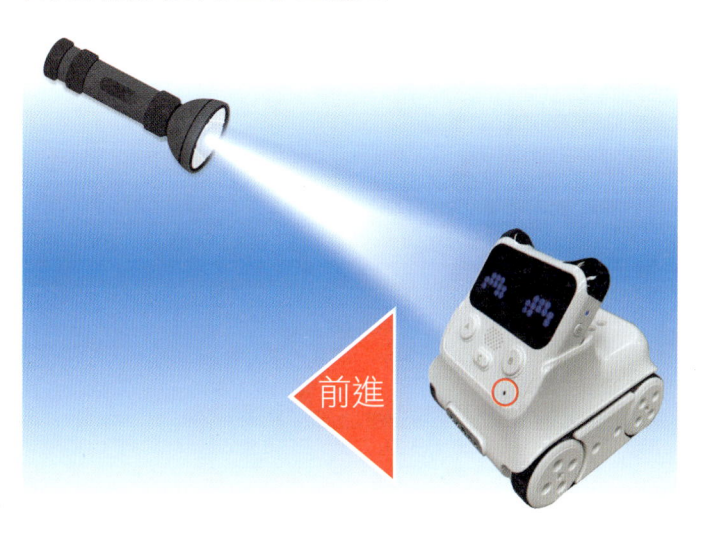

前進

實力評量

單選題

( ) 1. 如果想設計利用光線啟動程式執行，應該使用下列哪一個積木？
(A) 當Codey啟動時　(B) 當 ▶ 被點一下　(C) 當 音量值▼ > 10　(D) 當光線強度 < 5 。

( ) 2. 如果想要利用小程的光線感測器偵測光線，應該使用下列哪一類積木？
(A) 作動　(B) 偵測　(C) 外觀　(D) 喇叭 。

( ) 3. 右圖何者是小程光線感測器的位置？
(A) A
(B) B
(C) C
(D) D。

( ) 4. 下列哪一個積木能夠傳回小程光線感測器的偵測值？
(A) 環境光強度
(B) 顏色紅外感測器 環境光強度
(C) 顏色紅外感測器 紅外光反射強度
(D) 顏色紅外感測器 反射光強度 。

( ) 5. 下圖程式積木執行結果的敘述，何者「正確」？

(A) 顯示文字 A
(B) 顯示 1～99，共 99 個數
(C) 從 1 開始顯示直到 99，共顯示 99 次，每次 1 個數
(D) 顯示 1～99 之間其中一個數。

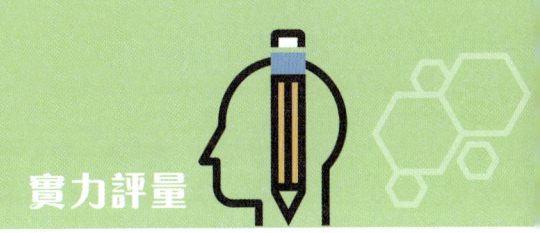

( ) 6. 關於右圖「變數」的敘述，何者「錯誤」？
(A) A 與 B 是變數名稱，永遠固定不變
(B) [A] 傳回變數值
(C) [變數 A▼ 改變 1] 將變數「A+1」
(D) [變數 A▼ 設為 0] 設定變數值「A=0」。

( ) 7. 如果想要設計比較 A 與 B 兩個數的大小，應該使用下列哪一類積木執行「判斷大小」？
(A) 事件　(B) 運算　(C) 外觀　(D) 偵測。

( ) 8. 如果想要讓程式重複偵測環境光線，應該使用下列哪一個積木？
(A) 如果~那麼 否則　(B) 如果~那麼　(C) 不停重複　(D) 等待直到。

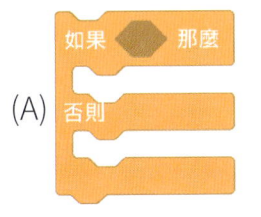

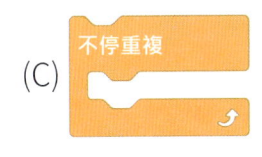

( ) 9. 關於右圖程式的敘述，何者「錯誤」？
(A) 光線小於或等於 10，程小奔停止
(B) 光線大於 10，程小奔前進後停止
(C) 光線小於或等於 10，清除螢幕
(D) 光線大於 10，顯示圖案。

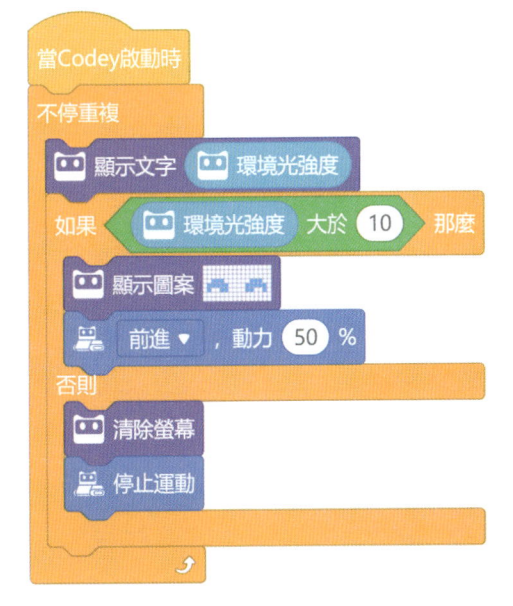

實力評量

(　　) 10. 右圖程式積木中，如果「A=6，B=99」程小奔會放播何種聲音？
(A) 哇！
(B) 哼！
(C) 沒有聲音
(D) 笑聲。

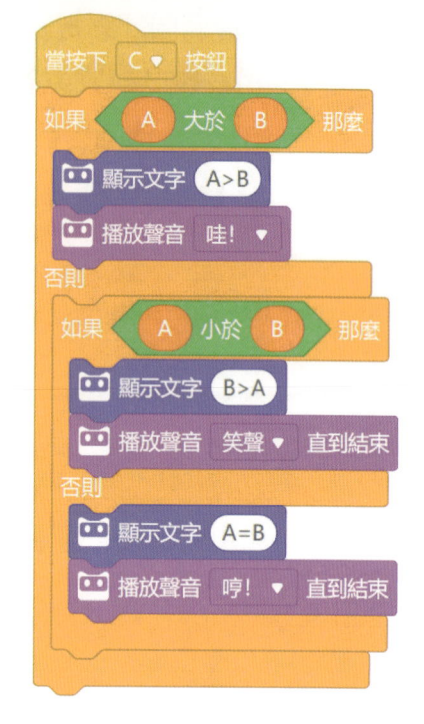

實作題

1. 請利用 `如果 ◇ 那麼` 改寫程式，當環境光強度大於 10，顯示圖案 1 並直線前進，如果環境光強度沒有大於 10，清除螢幕並停止運動。

2. 請利用小奔的光線感測器（ 顏色紅外感測器 環境光強度 ）改寫程式，如果小奔的光線感測器偵測環境光強度大於 10，顯示圖案 1 並直線前進，否則清除螢幕並停止運動。

Chapter 5 程小奔循線前進

　　本章將利用灰階感測器,設計程小奔循黑線或白線前進。循黑線前進時,碰到白線轉彎;相反,如果循白線前進,碰到黑線轉彎。

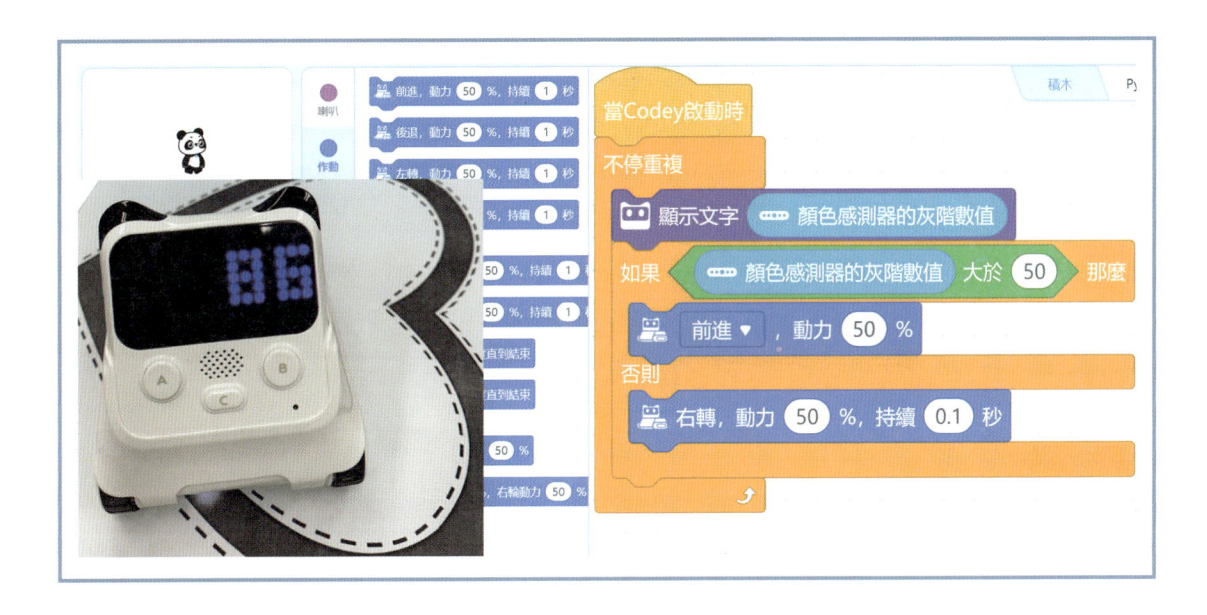

本章學習目標

1. 能夠理解小奔的灰階感測器原理。
2. 能夠應用小奔的灰階測器,設計程小奔辨識黑與白。
3. 能夠應用小奔的灰階測器,設計程小奔循黑線或白線前進。

用主題範例學運算思維與程式設計

5-1 灰階感測器：程小奔辨黑白

小奔的感測器稱為顏色紅外感測器，其中第 1 個白色 LED 與第 2 個光線感測器組合成灰階感測器，負責偵測黑色或白色組成的灰階。mBlock 5 設備 Codey 的 偵測 積木中，與灰階感測器相關的積木如下：

顏色紅外感測器
灰階感測器

灰階	積木	功能
灰階值	顏色感測器的灰階數值	傳回從黑色（最暗：100）到白色（最亮：0）的灰階數值。

小試身手 1　程小奔顯示灰階數值（範例：ch5-1）

將程小奔放在黑線或白線上，讓程小奔顯示黑或白的灰階數值。

1. 將 Micro USB 連接小程與 USB 連接電腦，開啟程小奔電源。
2. 開啟 mBlock5，在「設備」按 連接，並設定為 上傳 即時 【上傳】。
3. 點選 事件、控制、外觀 與 偵測，拖曳下圖積木，顯示灰階數值。

當Codey啟動時
不停重複
　顯示文字　顏色感測器的灰階數值

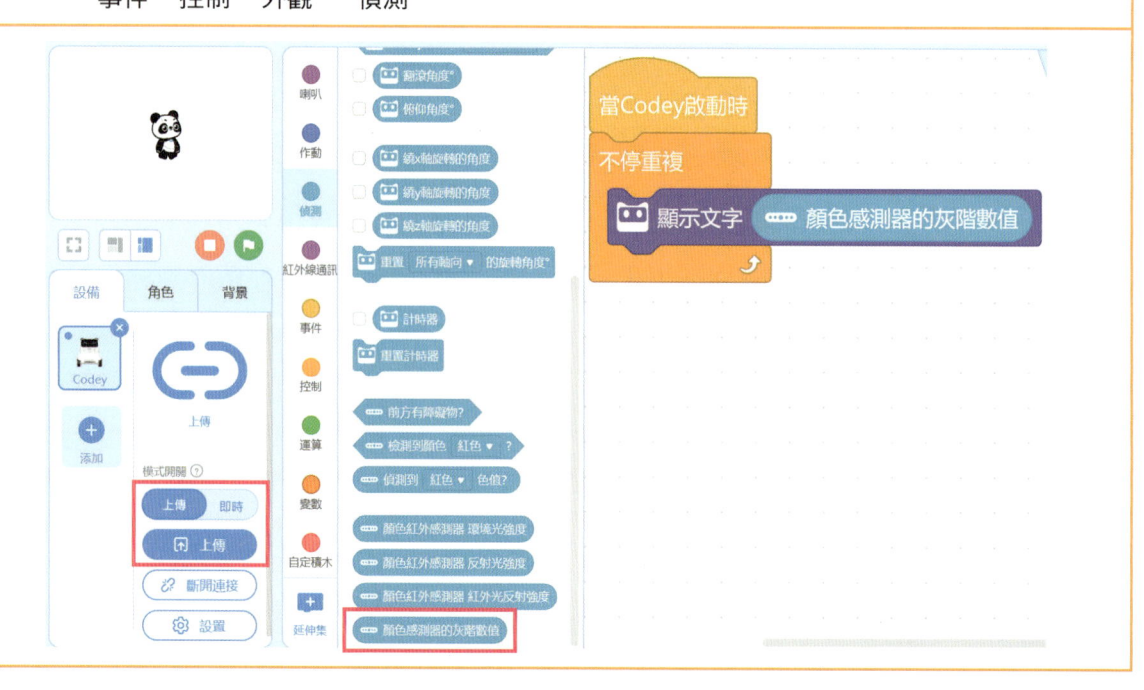

68

4. 點擊 [上傳] 將程式上傳到程小奔。
5. 將程小奔的顏色紅外感測器往下旋轉。

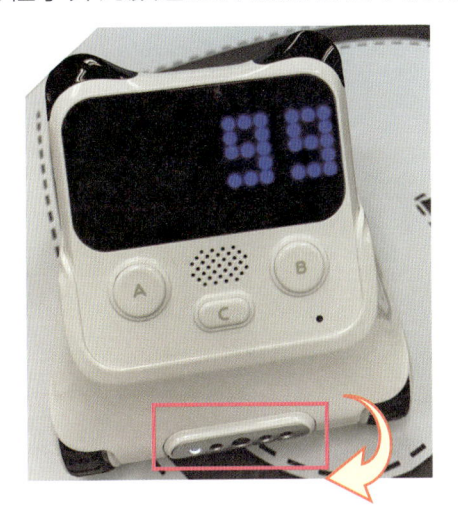

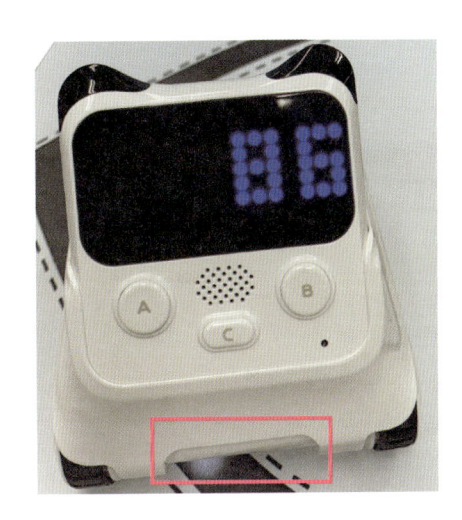

6. 將小奔放在黑線上，檢查小程顯示的「灰階數值」為：_____。
7. 將小奔放在白線上，檢查小程顯示的「灰階數值」為：_____。

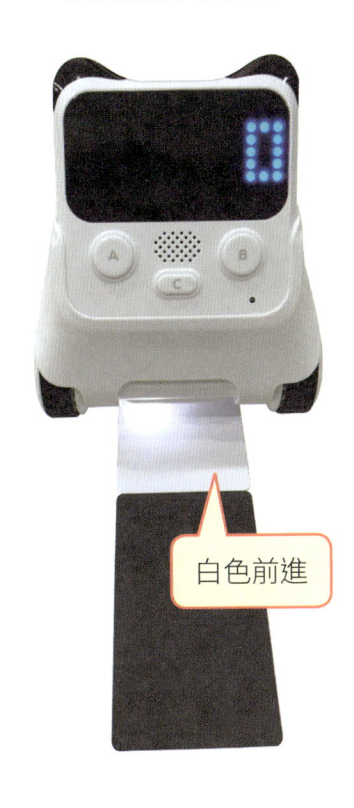

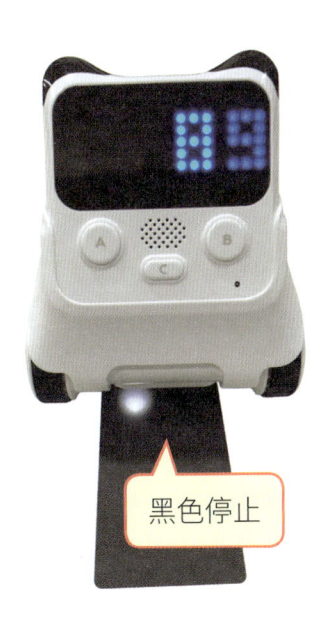

腦力激盪 1 請利用小奔顏色感測器灰階數值，設計讓程小奔在白色時直線前進，直到黑色時停止。

白色前進

黑色停止

用主題範例學運算思維與程式設計

5-2 程小奔循黑線前進

程小奔循黑線前進，碰到白色表示偏左或偏右，程小奔左轉或右轉。

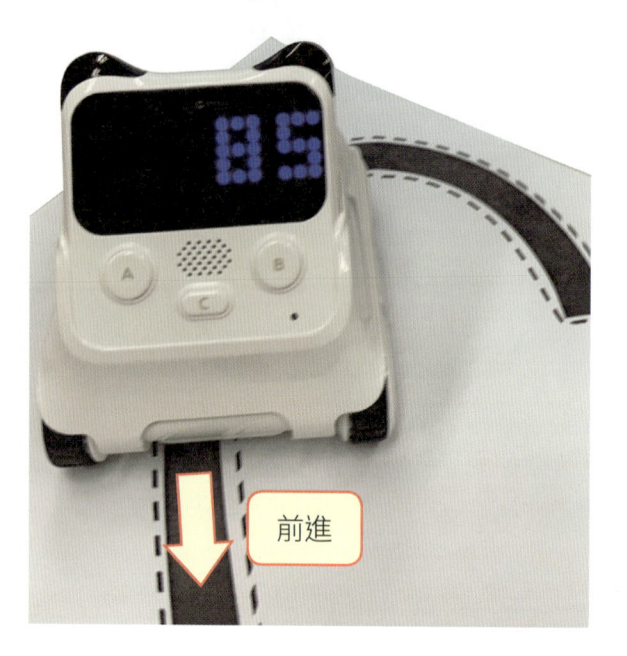

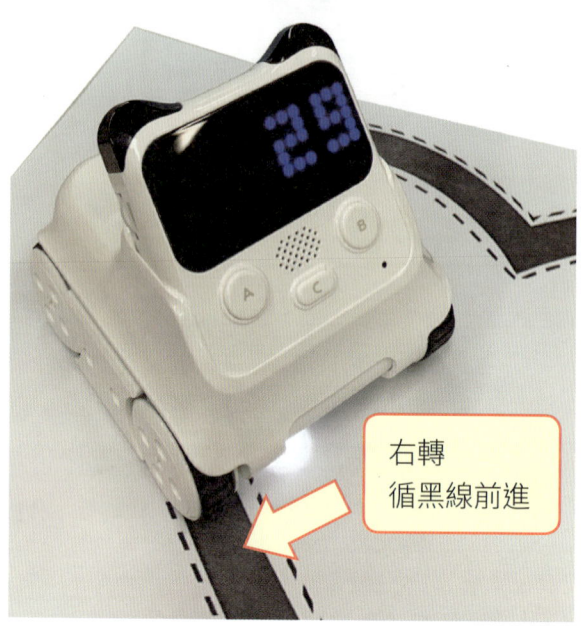

前進

右轉
循黑線前進

一 程小奔循黑線執行流程

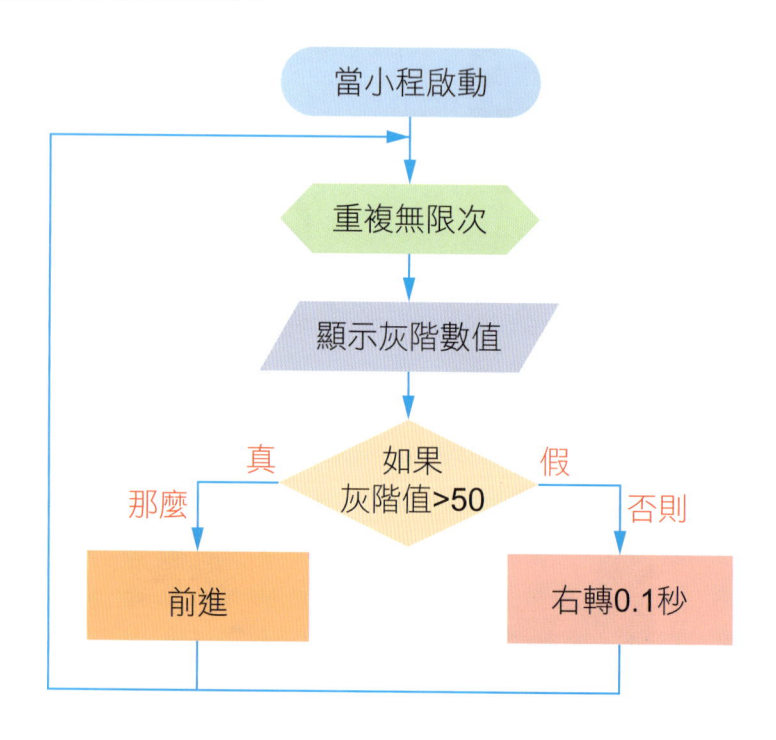

當小程啟動
↓
重複無限次
↓
顯示灰階數值
↓
如果 灰階值>50
真 → 那麼 → 前進
假 → 否則 → 右轉0.1秒

程小奔循黑線前進程式

Step.01 點選 [上傳] [即時]，設定為【上傳】。

Step.02 點選 ●事件、●控制、●外觀、●偵測、●運算 與 ●作動，拖曳下圖積木，當程小奔啟動時，LED 面板顯示灰階數值，並重複無限次偵測灰階數值，如果大於 50 就前進，否則右轉 0.1 秒。

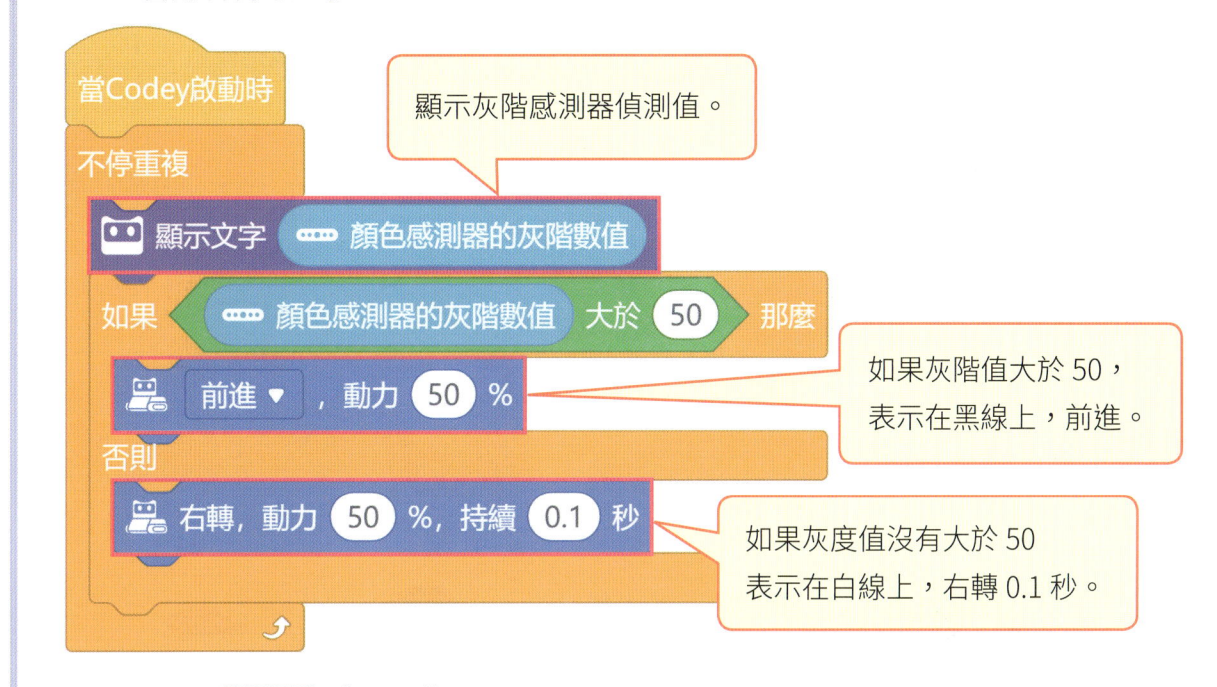

```
當Codey啟動時
不停重複
    顯示文字 [顏色感測器的灰階數值]      ← 顯示灰階感測器偵測值。
    如果 <顏色感測器的灰階數值 大於 50> 那麼
        前進▼，動力 50 %              ← 如果灰階值大於 50，表示在黑線上，前進。
    否則
        右轉，動力 50 %，持續 0.1 秒   ← 如果灰度值沒有大於 50 表示在白線上，右轉 0.1 秒。
```

Step.03 點選 [↑ 上傳]【上傳】，將程式上傳到程小奔。

Step.04 斷開程小奔與電腦連線，將小奔的灰階感測器放在黑線上，檢查程小奔是否循黑線前進，偏離黑線時右轉 0.1 秒。

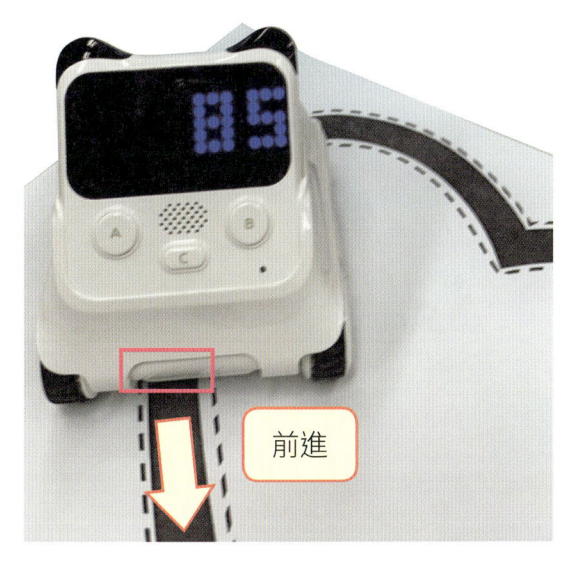

〈操作提示〉程小奔偏離黑線時，左轉 0.1 秒，或右轉 0.1 秒，只要旋轉的方向固定，就能夠讓程小奔尋找黑線前進。

5-3 程小奔循白線前進

設計程小奔循白線前進。循白線前進時，碰到黑線轉彎。

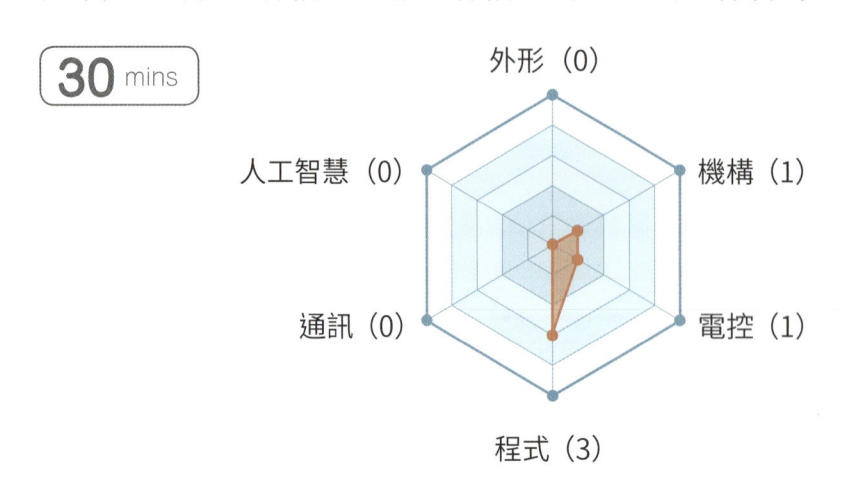

30 mins

創客指標	
外形	0
機構	1
電控	1
程式	3
通訊	0
人工智慧	0
創客總數	5

外形（0）
機構（1）
電控（1）
程式（3）
通訊（0）
人工智慧（0）

創客題目編號：A016004

程小奔循白線前進，碰到黑色表示偏左或偏右，程小奔左轉或右轉。

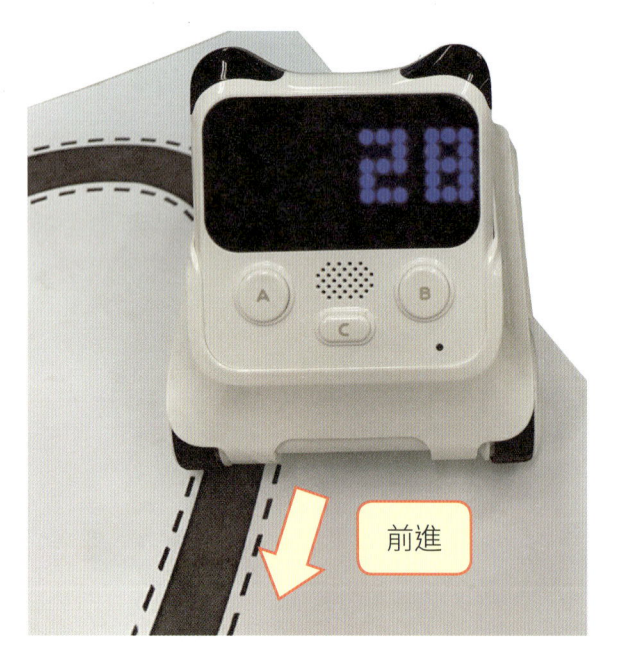

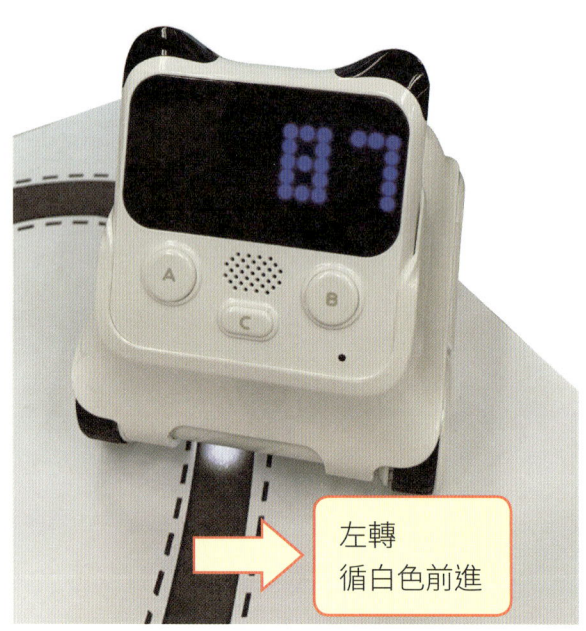

前進

左轉
循白色前進

註：將程小奔放在黑線外圍，沿著白色前進，如果左偏或右偏，左轉或右轉找白色前進。

一 程小奔循白線執行流程

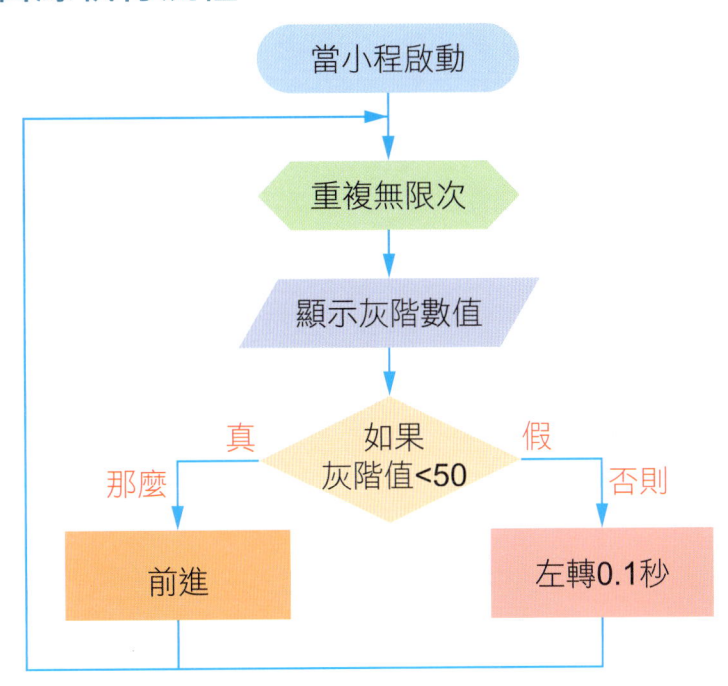

```
當小程啟動
    ↓
重複無限次
    ↓
顯示灰階數值
    ↓
如果 灰階值<50
  真／那麼 → 前進
  假／否則 → 左轉0.1秒
```

二 程小奔循白線前進程式

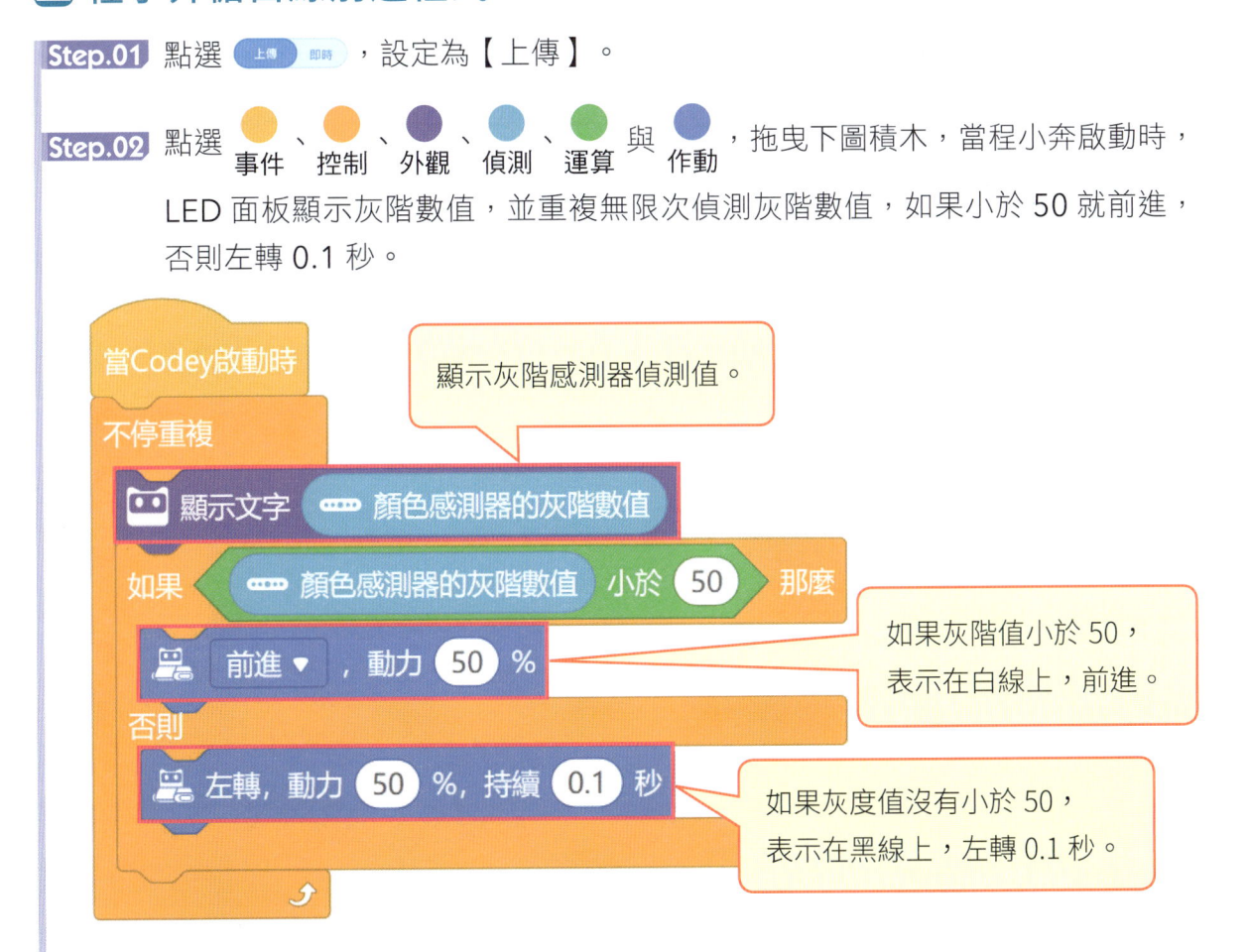

Step.01 點選 上傳 即時，設定為【上傳】。

Step.02 點選 事件、控制、外觀、偵測、運算 與 作動，拖曳下圖積木，當程小奔啟動時，LED 面板顯示灰階數值，並重複無限次偵測灰階數值，如果小於 50 就前進，否則左轉 0.1 秒。

```
當Codey啟動時
不停重複
    顯示文字  顏色感測器的灰階數值     ← 顯示灰階感測器偵測值。
    如果  顏色感測器的灰階數值  小於 50  那麼
        前進▼, 動力 50 %              ← 如果灰階值小於 50，表示在白線上，前進。
    否則
        左轉, 動力 50 %, 持續 0.1 秒    ← 如果灰度值沒有小於 50，表示在黑線上，左轉 0.1 秒。
```

Step.03 點選 【上傳】，將程式上傳到程小奔。

Step.04 斷開程小奔與電腦連線，將小奔的灰階感測器放在白線上，檢查程小奔是否循白線前進，偏離白線時左轉，0.1 秒。

〈操作提示〉程小奔偏離白線時，左轉 0.1 秒，或右轉 0.1 秒，只要旋轉的方向固定，就能夠讓程小奔尋找白線前進。

實力評量

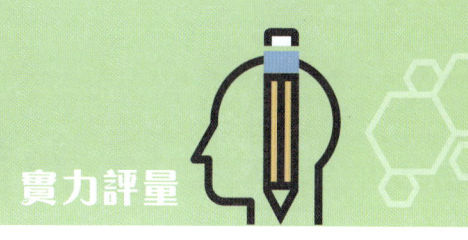

單選題

( ) 1. 右圖小奔的感測器中，何者是光線感測器？
　　(A) A
　　(B) B
　　(C) C
　　(D) D。

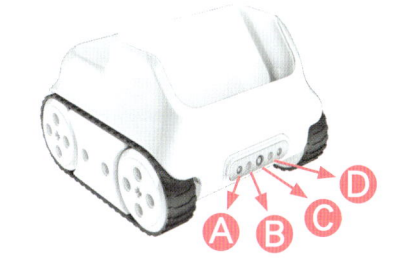

( ) 2. 續接上題，右圖中小奔的灰階感測器功能是由哪兩個感測器組合而成？
　　(A) AB　　(B) BC　　(C) CD　　(D) AC。

( ) 3. 下列關於小奔灰階感測器數值的敘述，何者「正確」？
　　(A) 數值介於 -100～100 之間
　　(B) 數值介於 0～50 之間
　　(C) 愈接近白色數值愈小
　　(D) 數值愈大愈接近白色。

( ) 4. 下列哪一個積木能夠讓小奔分辨黑或白？
　　(A) 顏色感測器的灰階數值
　　(B) 顏色紅外感測器 環境光強度
　　(C) 偵測到 紅色 色值？
　　(D) 環境光強度。

( ) 5. 關於右圖，如果想要設計小奔沿著黑線前進，如何設定灰階數值？
　　(A) 如果灰階數值 >0 前進
　　(B) 如果灰階數值 <0 前進
　　(C) 如果灰階數值 >50 前進
　　(D) 如果灰階數值 <50 停止。

( ) 6. 關於右圖程式的敘述，何者「錯誤」？
　　(A) 小程顯示灰階數值
　　(B) 小程循著白色前進
　　(C) 小程偵測接近黑色時左轉 0.1 秒
　　(D) 小程循著黑色前進。

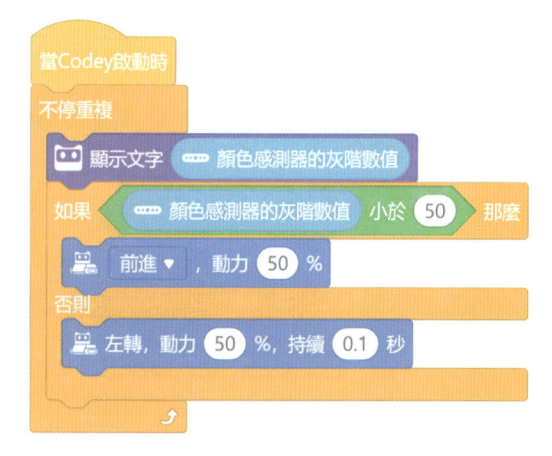

實力評量

( ) 7. 如果想要設計程小奔辨識黑或白，應該使用下列哪一類積木？
(A) 作動　(B) 偵測　(C) 外觀　(D) 運算。

( ) 8. 如果想要設計程小奔「白線前進」或「黑線轉彎」兩種狀況擇一執行，應該使用下列哪一個積木執行邏輯判斷？
(A) 如果 那麼 否則　(B) 如果 那麼　(C) 廣播訊息 訊息1　(D) 當Codey啟動時。

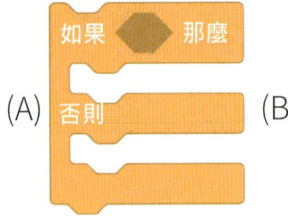

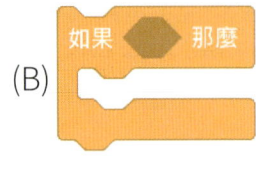

( ) 9. 下列哪一個積木能夠讓小程面板顯示灰階數值？
(A) LED 燈的顏色設為　(B) 位置 x:0 y:0 狀態切換
(C) 顯示圖案　(D) 顯示文字 hello。

( ) 10. 如果將程小奔放在黑色的紙上，右圖程式的執行結果為何？
(A) 顯示圖案
(B) 播放哈囉再顯示圖案
(C) 播放哈囉
(D) 先顯示圖案再播放哈囉。

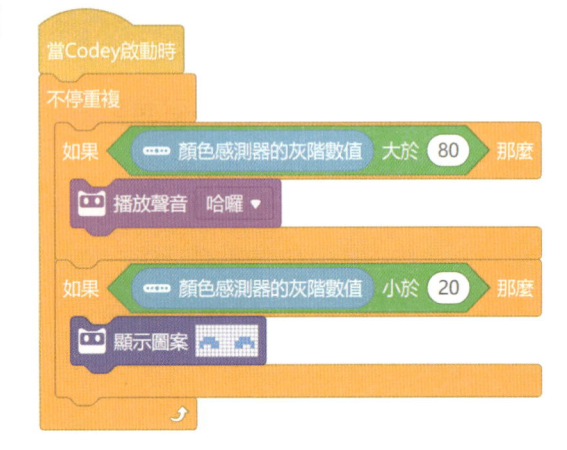

實作題

1. 請利用 外觀 的 顯示圖案 積木，改寫程小奔循線功能，當程小奔轉彎時，顯示方向箭頭。

2. 請利用 喇叭 的 播放音調 C4 持續 0.25 拍 或 播放音頻 700 赫茲,持續 1 秒 積木，改寫程小奔循線功能，讓程小奔轉彎時，播放音調，同時檢查先播放音調再轉彎與先轉彎再播放音調有何差異？

Chapter 6 程小奔辨色唱歌

本章將利用 RGB 顏色感測器,設計小奔分辨七彩顏色,讓小程的 RGB LED 顯示偵測的顏色並依序播放音階。

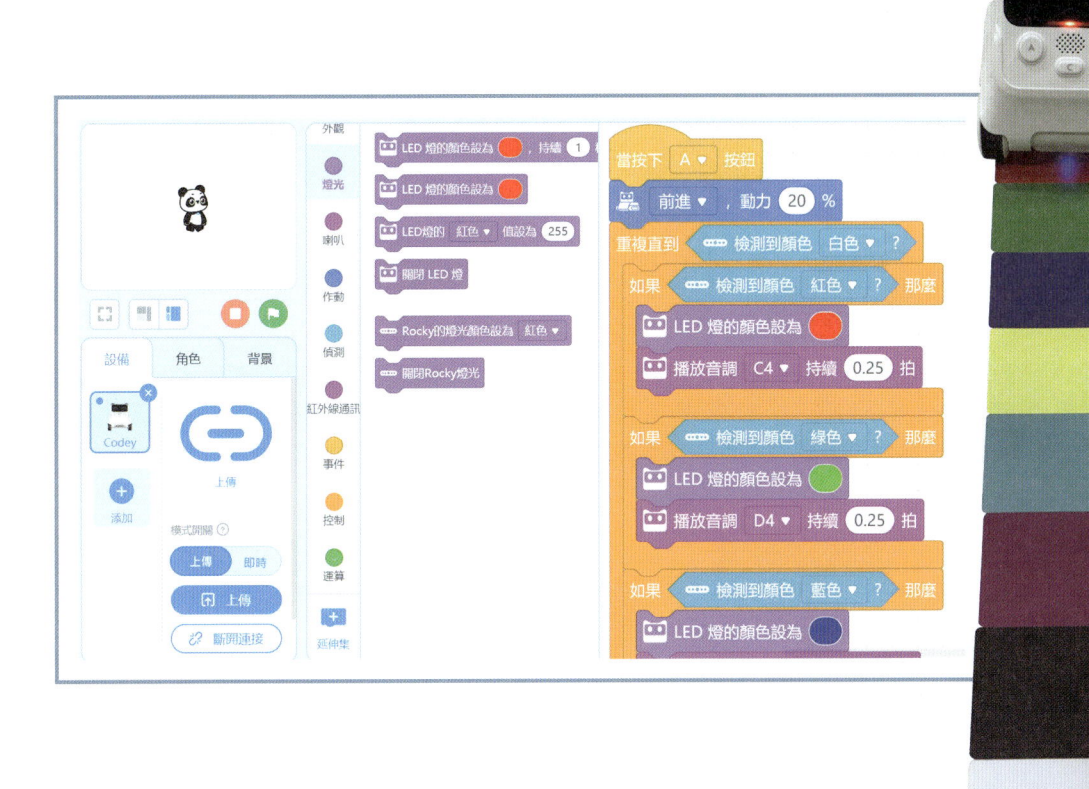

本章學習目標

1. 能夠理解小奔的 RGB 顏色感測器原理。
2. 能夠應用小奔的 RGB 顏色感測器,設計程小奔辨識顏色。
3. 能夠設計程小奔辨色唱歌。

6-1 RGB 顏色感測器：小奔辨色

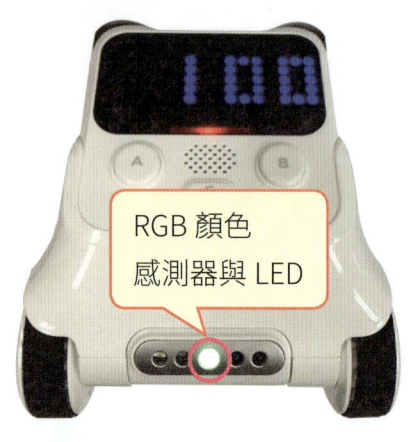

小奔的 RGB 顏色感測器負責偵測紅色（R）、綠色（G）與藍色（B）三元色組成的顏色，並且亮各種顏色的燈光。RGB 顏色感測器能夠判斷的顏色包括：紅色、綠色、藍色、黃色、青色、紫色、黑色與白色，每個顏色的 RGB 組成色值如下表一：

RGB 顏色感測器與 LED

色值＼顏色	紅	綠	藍	黃	青	紫	黑	白
紅 (R)	255	0	0	255	0	128	0	255
綠 (G)	0	255	0	255	255	0	0	255
藍 (B)	0	0	255	0	255	128	0	255

mBlock 5 設備 的 偵測 積木中，與小奔 RGB 顏色感測器相關的積木如下：

顏色	積木	功能
判斷顏色	檢測到顏色 紅色▼？ ✓ 紅色 綠色 藍色 黃色 青色 紫色 黑色 白色	邏輯判斷小奔的 RGB 顏色感測器，偵測顏色是否為紅（或綠、黃、藍、青、紫、黑、白色）。 邏輯判斷結果： (1) true（真）：紅色； (2) false（假）：不是紅色。
傳回顏色值	偵測到 紅色▼ 色值？	傳回小奔的 RGB 顏色感測器，偵測到的紅色（或綠、藍）色值，色值範圍介於 0～255。

小試身手 ❶　校準 RGB 顏色感測器

使用 RGB 顏色感測器前先進行感測器校準。

1. 點選【設置 > 校準顏色感測器】。
2. 將 RGB 顏色感測器向下旋轉，並放置白色卡片或白色紙張，點擊【校正】，開始校準。

小試身手 ❷　小奔顯示顏色值（範例：ch6-1）

按下按鈕 A 小奔顯示 RGB 顏色感測器偵測的紅色值、按下按鈕 B 小奔顯示 RGB 顏色感測器偵測的綠色值、按下按鈕 C 小奔顯示 RGB 顏色感測器偵測的藍色值。

1. 將 Micro USB 連接小程與 USB 連接電腦，開啟程小奔電源。
2. 開啟 mBlock5，在「設備」按 連接，並設定為 【即時】，即時連線。
3. 點選 事件、控制、外觀 與 偵測，拖曳下圖積木，按下按鈕 A 顯示紅色色值、按鈕 B 顯示綠色色值、按鈕 C 顯示藍色色值。

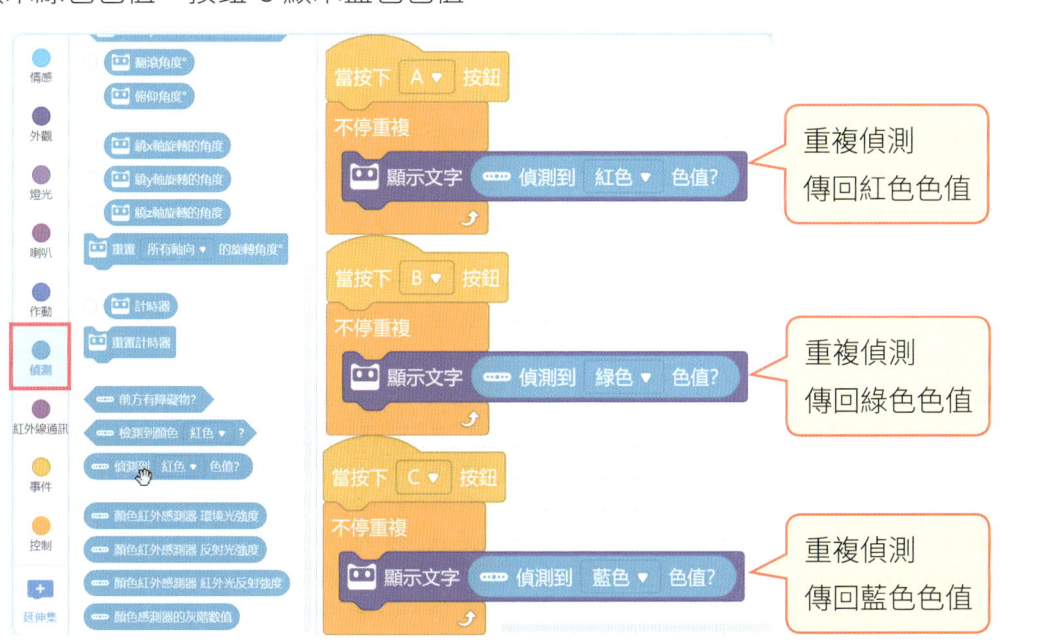

重複偵測
傳回紅色色值

重複偵測
傳回綠色色值

重複偵測
傳回藍色色值

用主題範例學運算思維與程式設計

4. 將 RGB 顏色往下旋轉到底部，按下按鈕 A，將紅色卡片放在小奔 RGB 感測器前方，檢查小程顯示的「紅色值」為：_____。

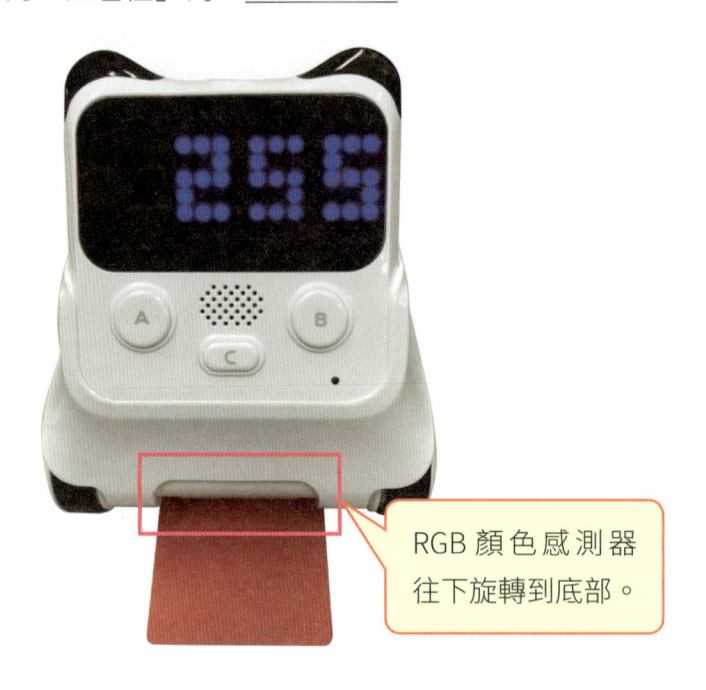

> RGB 顏色感測器往下旋轉到底部。

5. 按下按鈕 B，將綠色卡片放在小奔 RGB 感測器前方，檢查小程顯示的「綠色值」為：_____。

6. 按下按鈕 C，將藍色卡片放在小奔 RGB 感測器前方，檢查小程顯示的「藍色值」為：_____。

7. 按下按鈕 A，將黃色或紫色卡片放在小奔 RGB 感測器前方，檢查小程顯示的「紅色值」為：_____。

〈操作提示〉

1. 如表一 RGB 組成色值表，紅色、黃色、紫色、白色組成的顏色皆包含紅色，因此，將小奔放在紅色、黃色、紫色與白色色卡上，皆會顯示紅色的色值。
2. 小奔顏色感測器偵測的色值，會因為小奔所在環境光線的明亮度而變化。

腦力激盪 1 按下按鈕 A、B 與 C，分別檢測白色色卡的紅色值、綠色值與藍色值分別為何？

小試身手 ❸ 小奔判斷顏色（範例：ch6-2）

按下按鈕 A 小奔判斷是否為紅色、按下按鈕 B 小奔判斷是否為綠色、按下按鈕 C 小奔判斷是否為藍色。

1. 點選 🟡 事件、🟠 控制、🟣 外觀 與 🔵 偵測，拖曳下圖積木，讓小奔判斷顏色。

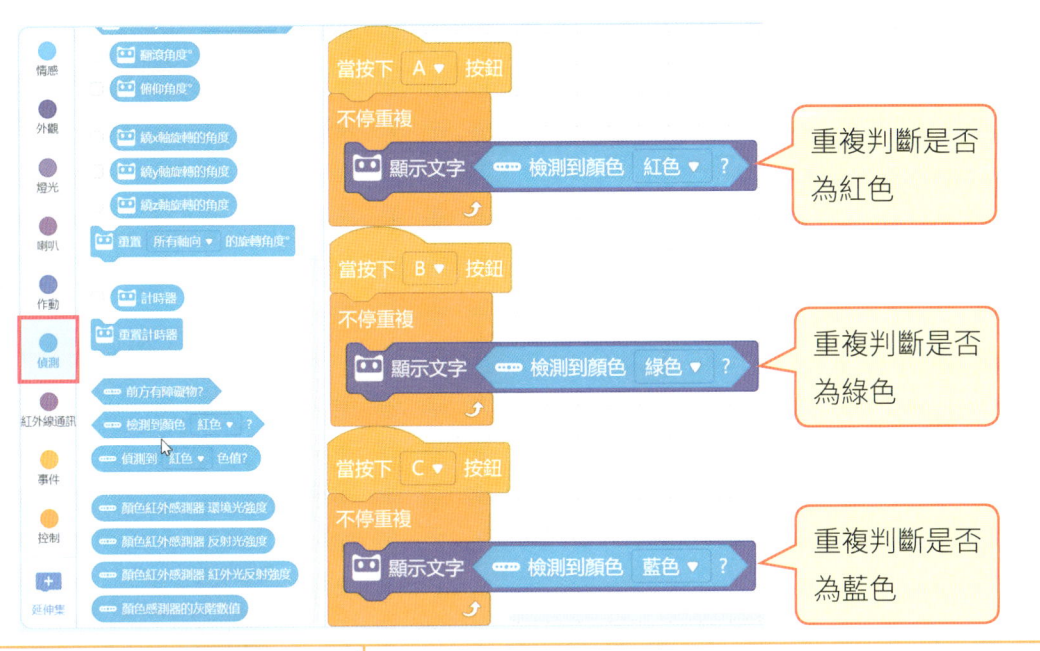

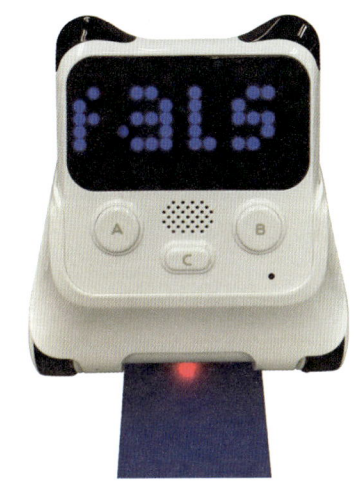

   - 重複判斷是否為紅色
   - 重複判斷是否為綠色
   - 重複判斷是否為藍色

2. 按下按鈕 A，將小奔放在紅色卡片上，檢查小程顯示文字為：＿＿＿＿＿＿。
3. 按下按鈕 B，將小奔放在綠色卡片上，檢查小程顯示文字為：＿＿＿＿＿＿。
4. 按下按鈕 C，將小奔放在藍色卡片上，檢查小程顯示文字為：＿＿＿＿＿＿。
5. 按下按鈕 A，將小奔放在不是紅色的其他卡片上，檢查小程顯示文字為：＿＿＿＿＿＿。

腦力激盪 ❷

請利用檢測顏色，讓程小奔說出檢測結果。如果檢測結果是紅色，小程的 LED 面板顯示「Red」（紅色）文字，依此類推。

〈操作提示〉

1. 六邊形積木例如： 　　　 或 　　　 負責邏輯判斷，傳回的結果為：true（真）或 false（假）。
2. 橢圓形積木例如： 　　　 或 　　　 負責傳回「值」，傳回的值由 0～9 數字組成。

6-2 小奔 RGB LED：小奔顯示七彩顏色

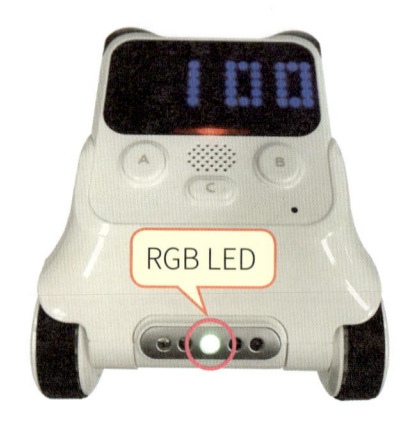

小奔的 RGB 顏色感測器除了偵測 RGB 顏色之外，能夠利用 ● 燈光 積木，控制 RGB 顏色感測器的燈光。

感測器燈光	功　　能
Rocky的燈光顏色設為 紅色▼	設定小奔 RGB 顏色感測器的燈光為紅色（或綠、黃、藍、青、紫、黑、白色）。
關閉Rocky燈光	關閉小奔 RGB 顏色感測器的燈光。

📖 **小試身手 ④** 小奔判斷顏色並顯示 RGB LED（範例：ch6-3）

如果 RGB 顏色檢測為紅色、小奔顯示紅色 LED、如果 RGB 顏色檢測為綠色、小奔顯示綠色 LED、如果 RGB 顏色檢測為藍色、小奔顯示藍色 LED。

1. 點選 ● 事件 、● 控制 、● 燈光 與 ● 偵測 ，拖曳下圖積木，讓小奔的 RGB LED 點亮跟判斷顏色結果相同燈色。

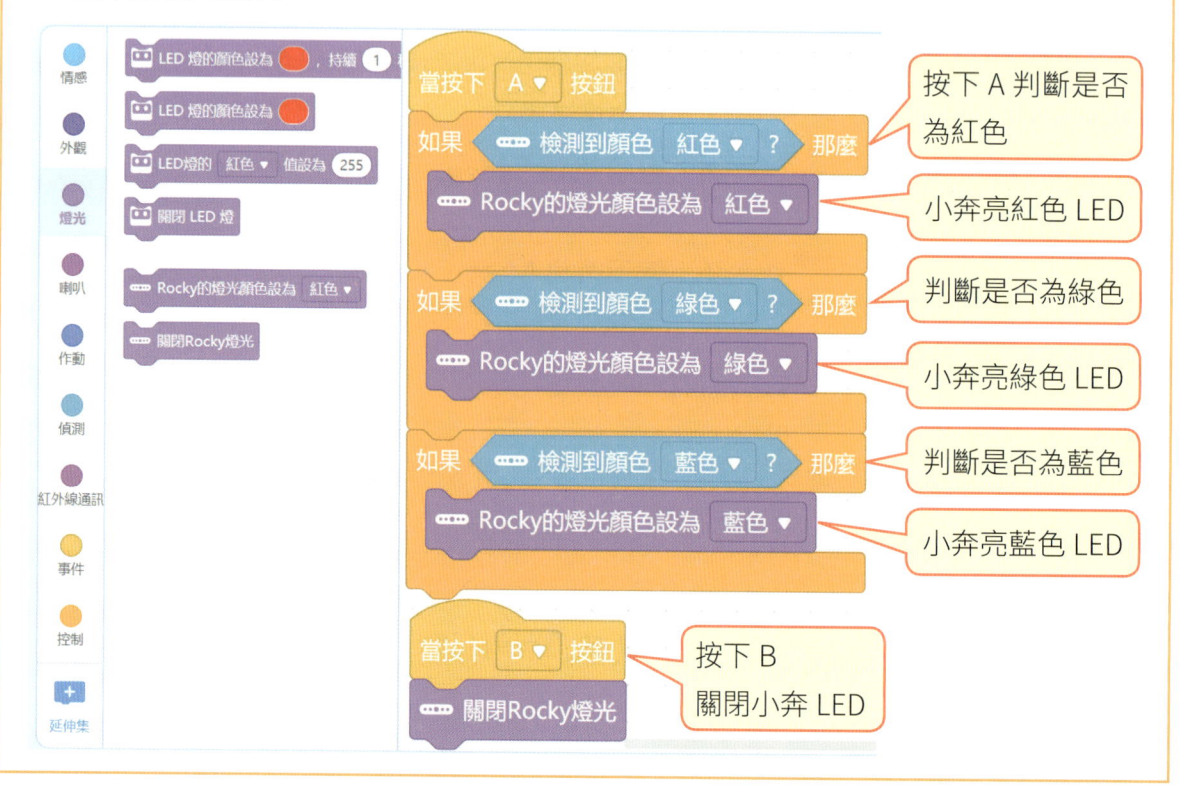

   - 按下 A 判斷是否為紅色
   - 小奔亮紅色 LED
   - 判斷是否為綠色
   - 小奔亮綠色 LED
   - 判斷是否為藍色
   - 小奔亮藍色 LED
   - 按下 B 關閉小奔 LED

2. 按下按鈕 A，將小奔放在藍色卡片上，檢查小奔亮燈的 LED 顏色為：_____。

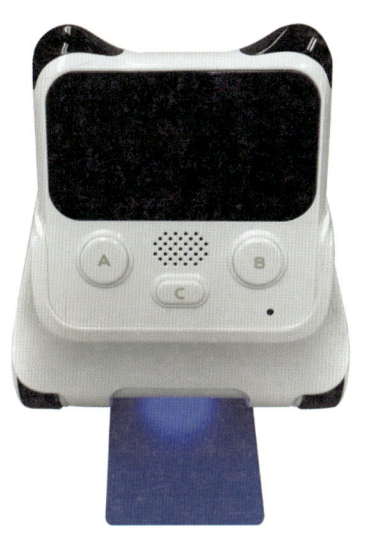

6-3 小程 RGB LED：小程顯示七彩顏色

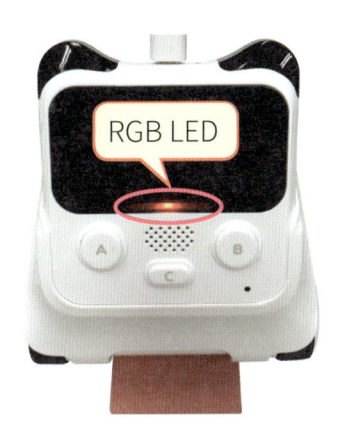

mBlock 5 設備 的 燈光 積木，除了控制小奔的 RGB LED 燈光，還能夠控制小程的 RGB LED 顯示各種顏色。

燈光	積木	功能
設定顏色亮燈	LED 燈的顏色設為 ●，持續 1 秒	小程 RGB LED 亮紅燈，1 秒後關閉。
	LED 燈的顏色設為 ●	小程 RGB LED 亮紅燈永不關閉。
	LED燈的 紅色▼ 值設為 255	設定小程 RGB LED 紅色值為 255。設定值範例：0～255。
關閉	關閉 LED 燈	關閉小程 RGB LED。

用主題範例學運算思維與程式設計

小試身手 5　小奔判斷顏色，小程 RGB LED 顯示顏色（範例：ch6-4）

請設計小奔偵測顏色，小程顯示該顏色的 LED。

1. 點選 ●事件、●控制、●外觀 與 ●偵測，拖曳下圖積木，如果小奔偵測顏色為紅色，小程的 RGB LED 亮紅色。

2. 將小奔放在紅色卡片上，按下按鈕 B，檢查小程 RGB LED 顯示的顏色為：_____。

3. 將小奔放在其他顏色卡片上，檢查小程 RGB LED 顯示的顏色為：_____。

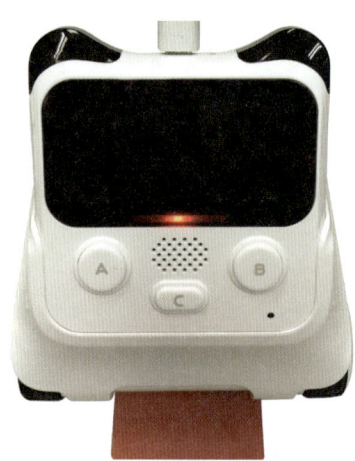

84

6-4 控制條件重複執行：程小奔等待

mBlock 5 設備 [Codey] 的 [控制] 積木，在重複執行程式積木時，能夠加入重複執行的條件，依據條件判斷結果控制重複執行的流程。

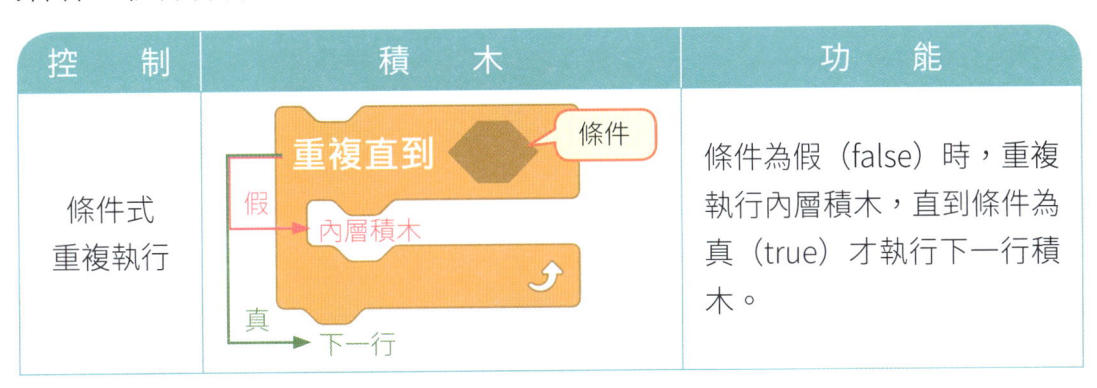

控 制	積 木	功 能
條件式重複執行	重複直到 〈條件〉 假 → 內層積木 真 → 下一行	條件為假（false）時，重複執行內層積木，直到條件為真（true）才執行下一行積木。

小試身手 6　程小奔樂透機（範例：ch6-5）

按下按鈕 A，小程在 1 到 49 之間重複隨機顯示數字，直到按下按鈕 B，確定選出一個數字並說：「耶！」。

1. 點選 事件、控制、外觀 與 運算，拖曳下圖積木，讓程小奔重複隨機顯示數字。

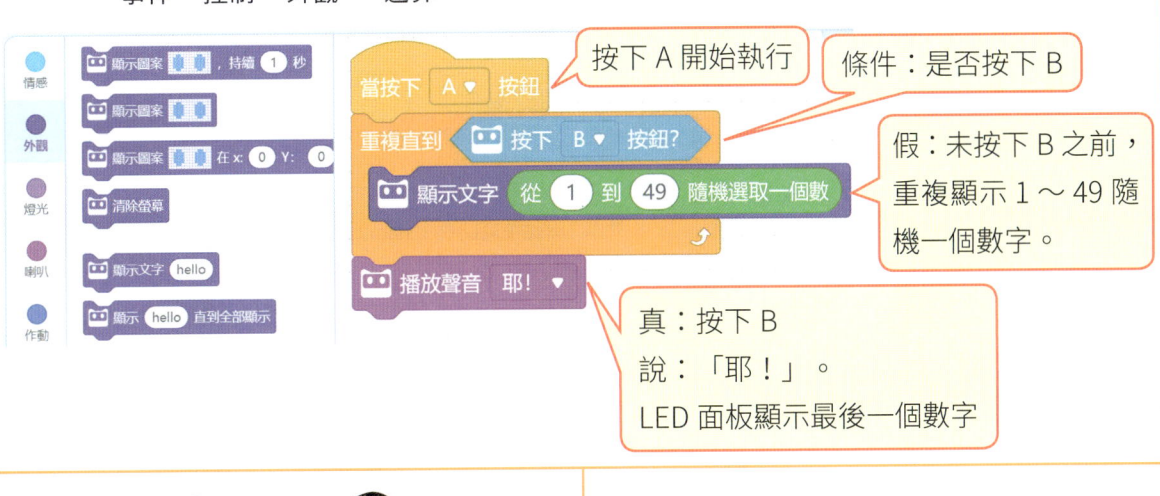

   - 按下 A 開始執行
   - 條件：是否按下 B
   - 假：未按下 B 之前，重複顯示 1～49 隨機一個數字。
   - 真：按下 B
     說：「耶！」。
     LED 面板顯示最後一個數字

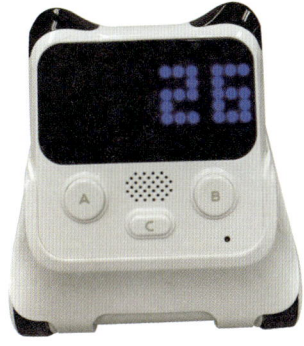

2. 按下按鈕 A，小程在 1～49 之間重複顯示數字，直到按下 B，顯示一個數字，並說：「耶！」。

6-5 程小奔辨色唱歌

當按下按鈕 A 時，程小奔前進，同時小奔分辨七彩顏色，小程 LED 面板則依據小奔顏色辨識的結果，顯示偵測顏色的 LED 燈，並依序播放音階 Do～Si，直到白色時停止前進。

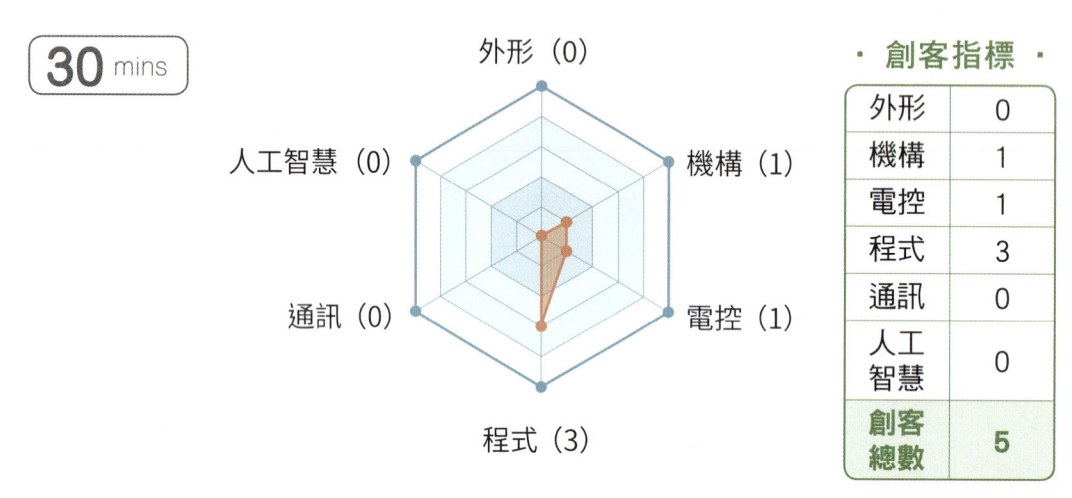

30 mins

創客題目編號：A016005

創客指標	
外形	0
機構	1
電控	1
程式	3
通訊	0
人工智慧	0
創客總數	5

一 程小奔辨色唱歌流程規劃

亮燈音調 \ 判斷顏色	RGB 顏色感測器判斷顏色							
	紅色	綠色	藍色	黃色	青色	紫色	黑色	白色
RGB LED 亮燈顏色	🔴	🟢	🔵	🟡	🔵	🟣	⚫	⚪
播放音調	C4 (Do)	D4 (Re)	E4 (Mi)	F4 (Fa)	G4 (So)	A4 (La)	B4 (Si)	停止

程小奔辨色唱歌程式

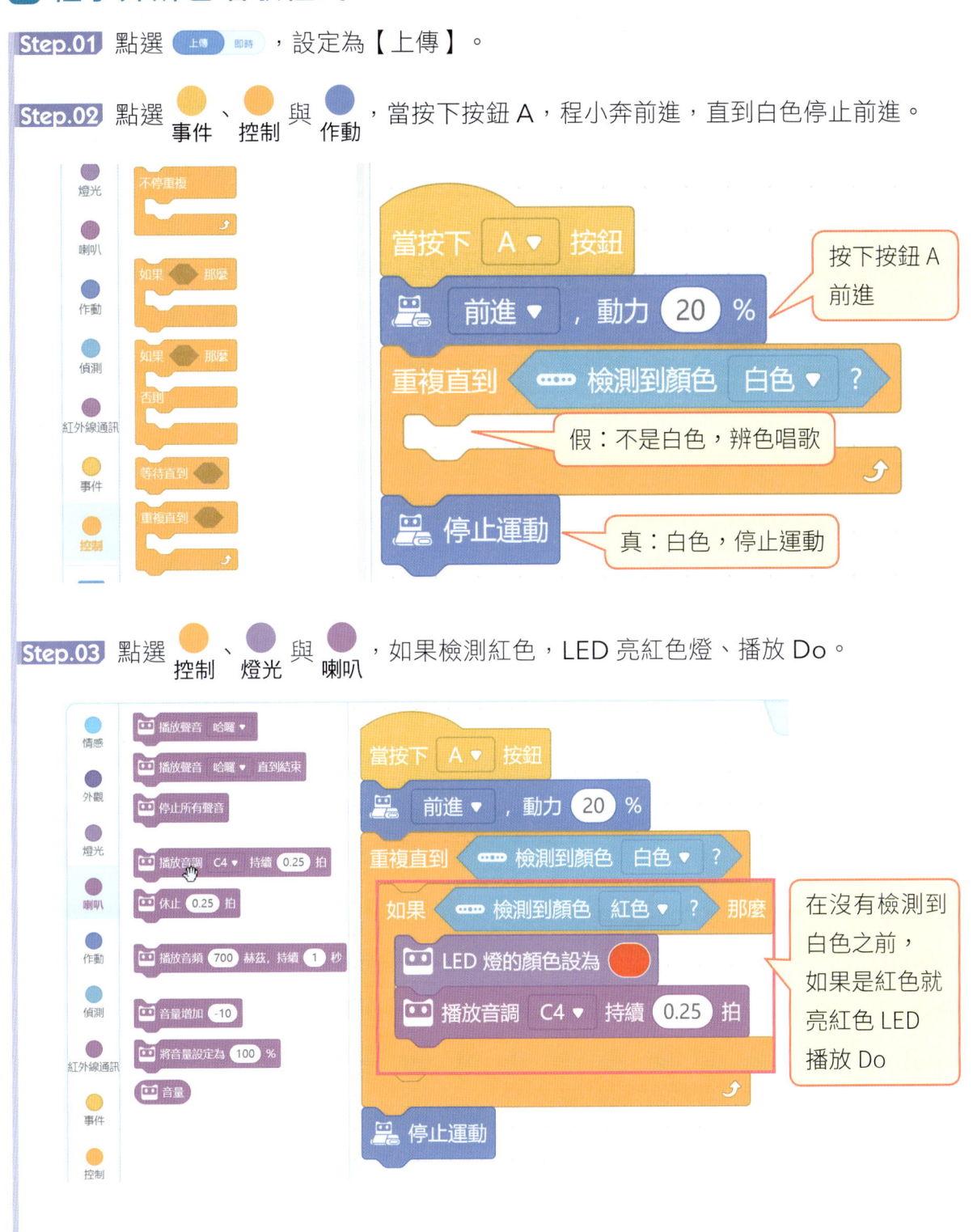

Step.01 點選 上傳 即時，設定為【上傳】。

Step.02 點選 事件、控制 與 作動，當按下按鈕 A，程小奔前進，直到白色停止前進。

> 按下按鈕 A 前進
> 假：不是白色，辨色唱歌
> 真：白色，停止運動

Step.03 點選 控制、燈光 與 喇叭，如果檢測紅色，LED 亮紅色燈、播放 Do。

> 在沒有檢測到白色之前，如果是紅色就亮紅色 LED 播放 Do

用主題範例學運算思維與程式設計

Step.04 重複步驟 3，複製 6 個如果，分別檢測綠色～黑色，並且播放 Re ～ Si 音調。

當按下 A 按鈕
　前進，動力 20 %
　重複直到　檢測到顏色 白色 ?
　　如果　檢測到顏色 紅色 ?　那麼
　　　LED 燈的顏色設為 ●
　　　播放音調 C4 持續 0.25 拍
　　如果　檢測到顏色 綠色 ?　那麼
　　　LED 燈的顏色設為 ●
　　　播放音調 D4 持續 0.25 拍
　　如果　檢測到顏色 藍色 ?　那麼
　　　LED 燈的顏色設為 ●
　　　播放音調 E4 持續 0.25 拍
　　如果　檢測到顏色 黃色 ?　那麼
　　　LED 燈的顏色設為 ●
　　　播放音調 F4 持續 0.25 拍
　　如果　檢測到顏色 青色 ?　那麼
　　　LED 燈的顏色設為 ●
　　　播放音調 G4 持續 0.25 拍
　　如果　檢測到顏色 紫色 ?　那麼
　　　LED 燈的顏色設為 ●
　　　播放音調 A4 持續 0.25 拍
　　如果　檢測到顏色 黑色 ?　那麼
　　　LED 燈的顏色設為 ●
　　　播放音調 B4 持續 0.25 拍
　停止運動

按下按鈕 A 前進

條件：是否為白色

在沒有檢測到白色之前，如果是紅色就亮紅色 LED，播放 Do

如果是綠色就亮綠色 LED，播放 Re

如果是藍色就亮藍色 LED，播放 Mi

如果是黃色就亮黃色 LED，播放 Fa

如果是青色就亮青色 LED，播放 So

如果是紫色就亮紫色 LED，播放 La

如果是黑色就亮黑色 LED，播放 Si

當檢測到白色，停止運動

Step.05 點選 【上傳】，將程式上傳到程小奔。

Step.06 斷開程小奔與電腦連線，將色卡依照紅色、綠色、藍色、黃色、青色、紫色、黑色與白色順序排放，如上圖。

Step.07 按下按鈕 A，檢查程小奔經過不同顏色時是否播放音階，同時 RGB LED 亮燈顏色與色卡相同。

實力評量

單選題

( ) 1. 右圖小奔的感測器中，何者是 RGB 顏色感測器？
(A) A　　　(B) B
(C) C　　　(D) D。

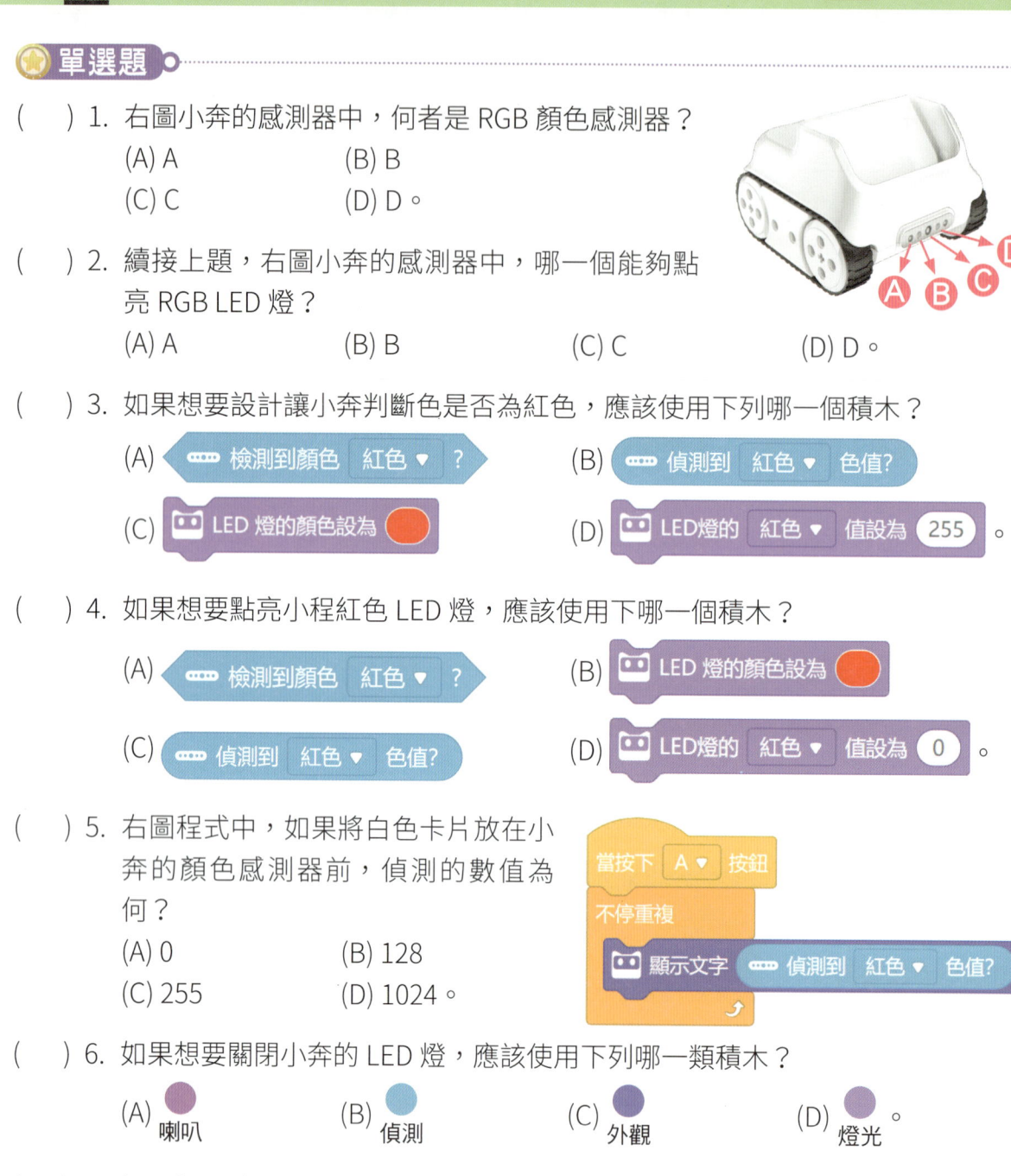

( ) 2. 續接上題，右圖小奔的感測器中，哪一個能夠點亮 RGB LED 燈？
(A) A　　(B) B　　(C) C　　(D) D。

( ) 3. 如果想要設計讓小奔判斷色是否為紅色，應該使用下列哪一個積木？
(A) 檢測到顏色 紅色▼ ?
(B) 偵測到 紅色▼ 色值?
(C) LED 燈的顏色設為 ●
(D) LED燈的 紅色▼ 值設為 255 。

( ) 4. 如果想要點亮小程紅色 LED 燈，應該使用下哪一個積木？
(A) 檢測到顏色 紅色▼ ?
(B) LED 燈的顏色設為 ●
(C) 偵測到 紅色▼ 色值?
(D) LED燈的 紅色▼ 值設為 0 。

( ) 5. 右圖程式中，如果將白色卡片放在小奔的顏色感測器前，偵測的數值為何？
(A) 0　　　(B) 128
(C) 255　　(D) 1024。

( ) 6. 如果想要關閉小奔的 LED 燈，應該使用下列哪一類積木？
(A) 喇叭　(B) 偵測　(C) 外觀　(D) 燈光。

( ) 7. 如果想要點亮小奔紅色 LED 燈，應該使用下哪一個積木？
(A) Rocky的燈光顏色設為 紅色▼
(B) LED 燈的顏色設為 ●
(C)  LED燈的 紅色▼ 值設為 255
(D)  關閉 LED 燈 。

( ) 8. 如果想要設計條件為假（false）時，重複執行內層積木，直到條件為真（true）才執行下一行積木，應該使用下列哪一個積木？

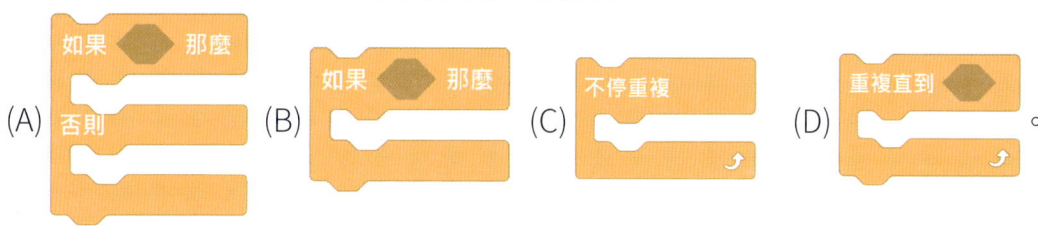

(A) 如果 那麼 否則　(B) 如果 那麼　(C) 不停重複　(D) 重複直到。

( ) 9. 關於右圖程式的敘述，何者「正確」？
(A) 按下按鈕 B 顯示 1～49 其中一個數字
(B) 未按下按鈕 B，重複顯示 1～49 其中一個數字
(C) 按下按鈕 A，播放聲音耶！
(D) 按下按鈕 B，重複顯示 1～49 其中一個數字，再播放聲音耶！。

( ) 10. 關於右圖程式的敘述，何者「錯誤」？
(A) 按下按鈕 A，程小奔前進
(B) 程小奔偵測白色停止
(C) 程小奔偵測紅色播放音調 Do
(D) 程小奔偵測紅色停止。

實作題

1. 請利用 外觀 的 顯示文字 hello 積木，當程小奔播放音調時，小程面板顯示播放的音調。

2. 請利用 偵測到 紅色 色值? 與 組合字串 蘋果 和 香蕉 設計程小奔顏色檢測機。當按下按鈕時，程小奔顯示每個顏色組成的紅色（R）色值、綠色（G）色值與藍色（B）色值，並利用控制的等待 1 秒，每隔 1 秒顯示一種色值。例如以紅色色卡放顏色感測器前，小程的面板顯示 R255、G0、B0，各 1 秒。

Chapter 7 程小奔避開障礙物

　　本章將利用紅外線發射與接收，設計程小奔避開障礙物。當程小奔啟動時，開始前進並偵測是否碰到障礙物，靠近障礙物時，後退再轉彎。

本章學習目標

1. 能夠理解小奔的紅外線發射與接收原理。
2. 能夠應用小奔的紅外線，設計程小奔避開障礙物。
3. 能夠設計程小奔自走機器人。

7-1 紅外線接收與發射：小奔偵測障礙物

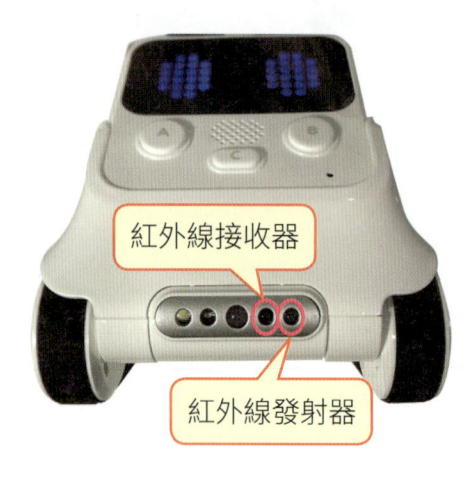

小奔利用紅外線接收與發射原理，偵測前方障礙物的距離。mBlock 5 設備 Codey 的 偵測 積木中，與偵測障礙物距離相關的積木如下：

紅外線接收器

紅外線發射器

紅外線	積　　木	功　　能
判斷障礙物	前方有障礙物？	邏輯判斷小奔前方是否有障礙物。 邏輯判斷結果： (1) true：小奔前方有障礙物； (2) false：小奔前方沒有障礙物。

小試身手 ❶　小奔偵測障礙物（範例：ch7-1）

在小奔的紅外線接收器與發射器前放置障礙物，讓程小奔判斷前方是否有障礙物。

1. 將 Micro USB 連接小程與 USB 連接電腦，開啟程小奔電源。
2. 開啟 mBlock5，在「設備」按 連接，並設定為 上傳 即時【上傳】。
3. 點選 事件、控制、外觀 與 偵測，拖曳下圖積木，判斷前方是否有障礙物。

4. 點擊 上傳 將程式上傳到程小奔。

5. 斷開程小奔與電腦連線，在程小奔紅外線接收與發射前放置障礙物，檢查小程顯示的偵測值為：_____。

7-2 情感積木：百變程小奔

mBlock 5 設備 Codey 的 情感 積木中，淘氣、發抖、瞌睡程小奔有百變情感。

情感	積木	功能
程小奔 百變情境	環顧四周　往上看 往下看　向左看 向右看　耶！ 驕傲　淘氣	程小奔展示往上看、往下看、笑容、淘氣、驕傲等百變情感。

小試身手 ❷ 百變程小奔（範例：ch7-2）

利用事件與情感積木，設計程小奔播放百變的情感。

1. 將程小奔設定為【上傳】。

2. 點選 事件 與 情感 ，拖曳下圖積木，當按下按鈕 A 程小奔環顧四周、將小程向左傾斜，程小奔頭暈、向右傾斜程小奔說：「是」。

3. 點擊 上傳 將程式上傳到程小奔。

4. 斷開程小奔與電腦連線，按下按鈕 A、向左傾斜或向右傾斜檢查程小奔的情緒展示是否正確。

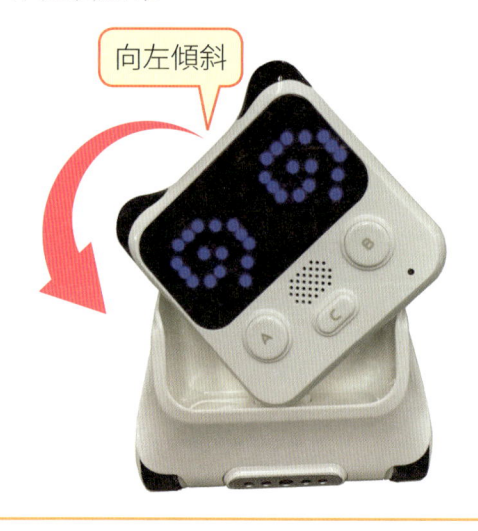

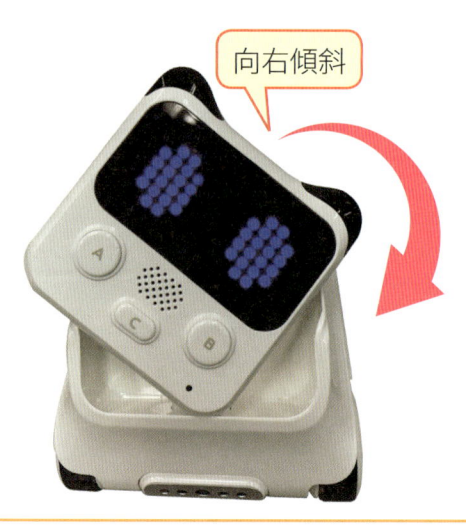

向左傾斜　　　　　　　　　　向右傾斜

腦力激盪 ❶ 請利用 事件 與 情感 ，設計展示程小奔百變情感的方式。

7-3 程小奔避開障礙物流程規劃

當小程啟動時，先向上看、向下看、向左看、向右看、再說耶！開始前進，顯示圖案 1 並偵測是否碰到障礙物。當程小奔靠近障礙物時，發出嗶嗶警告聲、顯示圖案 2、再後退轉彎。

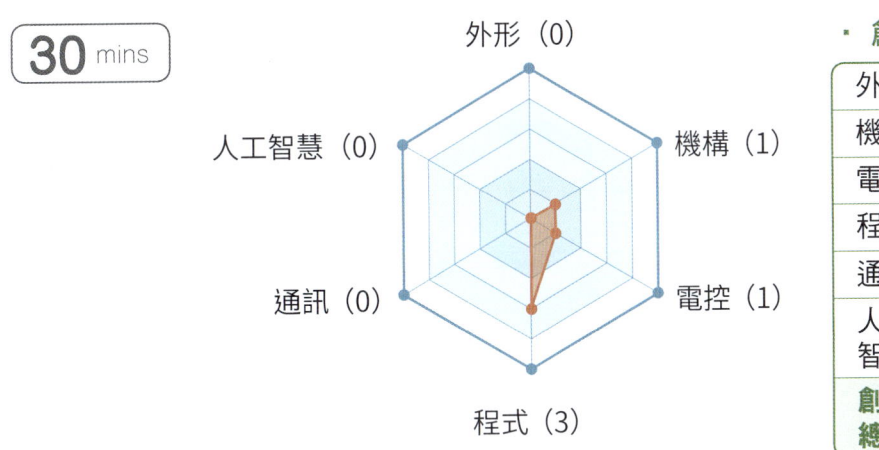

30 mins

外形（0）
機構（1）
電控（1）
程式（3）
通訊（0）
人工智慧（0）

· 創客指標 ·

外形	0
機構	1
電控	1
程式	3
通訊	0
人工智慧	0
創客總數	5

創客題目編號：A016006

程小奔避開障礙物執行流程如下圖所示：

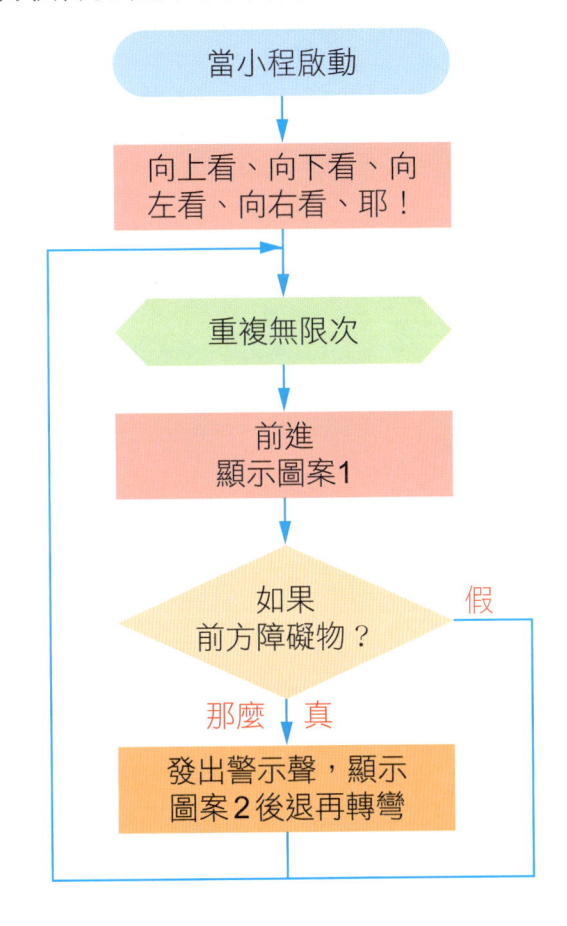

```
當小程啟動
   ↓
向上看、向下看、向左看、向右看、耶！
   ↓
重複無限次
   ↓
前進
顯示圖案1
   ↓
如果前方障礙物？ ──假──┐
   │那麼  真           │
   ↓                   │
發出警示聲，顯示         │
圖案2後退再轉彎 ────────┘
```

7-4 程小奔避開障礙物

Step.01 將程小奔設定為【上傳】。

Step.02 拖曳下圖積木,當小程啟動時,先向上看、向下看、向左看、向右看、再說:「耶!」。

Step.03 拖曳下圖積木,程小奔重複前進,當靠近障礙物時,後退再轉彎。

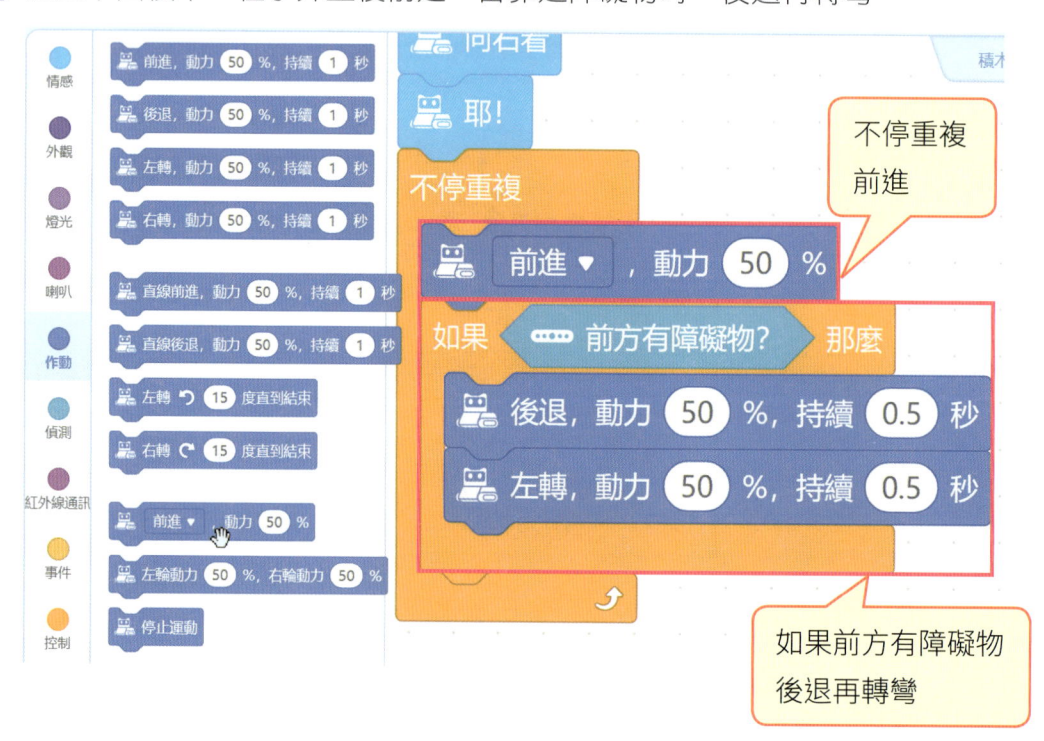

> 不停重複前進

> 如果前方有障礙物後退再轉彎

Step.04 拖曳下圖積木，當程小奔前進時，顯示圖案 1；當程小奔前方有障礙物時，發出嗶嗶警告聲、顯示圖案 2、再後退轉彎。

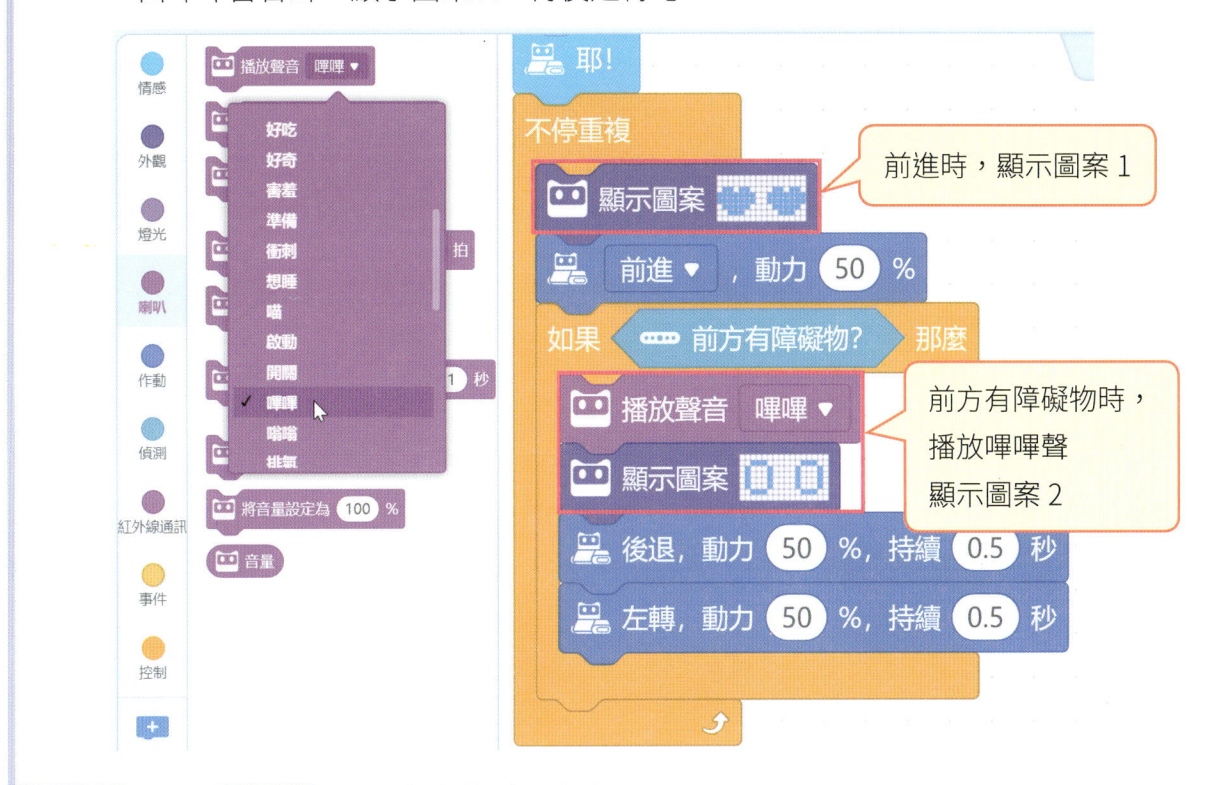

前進時，顯示圖案 1

前方有障礙物時，
播放嗶嗶聲
顯示圖案 2

Step.05 點擊 上傳 將程式上傳到程小奔。

Step.06 斷開程小奔與電腦連線，檢查程小奔是否先環顧上、下、左、右，說耶之後，開始前進，接近障礙物時顯示圖案，並播放嗶嗶聲。

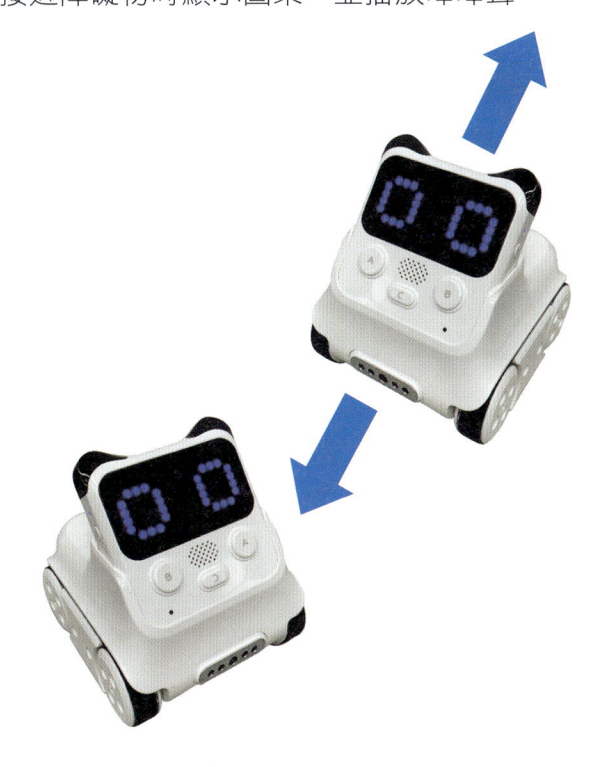

實力評量

★ 單選題

( ) 1. 右圖小奔的感測器中，何者是紅外線接收器？
(A) A　　　(B) B
(C) C　　　(D) D。

( ) 2. 續接上題，右圖小奔的感測器中，何者是紅外線發射器？
(A) A　　(B) B　　(C) C　　(D) D。

( ) 3. 續接上題，小奔能夠避開障礙物，是由哪兩個感測器組合的功能？
(A) AB　　(B) BC　　(C) CD　　(D) AD。

( ) 4. 如果想要設計讓程小奔面板顯示往上看、往下看或淘氣等情感，應該使用下列哪一類積木？
(A) 情感　　(B) 偵測　　(C) 外觀　　(D) 燈光

( ) 5. 如果想要設計程小奔避開障礙物，應該使用下列哪一個積木？
(A) 顏色紅外感測器 反射光強度
(B) 前方有障礙物？
(C) 顏色紅外感測器 紅外光反射強度
(D) 顏色紅外感測器 環境光強度。

( ) 6. 關於下圖程式的敘述，何者「錯誤」？

當Codey啟動時
不停重複
　顯示文字　前方有障礙物？

(A) 連線方式為「上傳」
(B) 小程面板顯示 True 或 False
(C) 程式會重複執行
(D) 連線方式為「即時」。

( ) 7. 程小奔在接近障礙物時，能夠利用下列哪一類積木，讓程小奔後退再轉彎？
(A) 喇叭　　(B) 作動　　(C) 外觀　　(D) 燈光。

100

實力評量

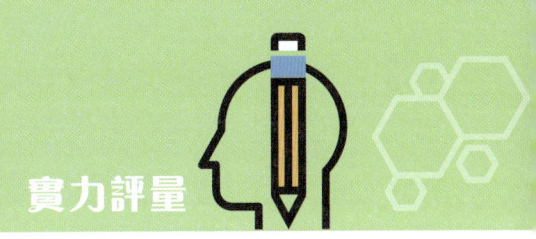

(　) 8. 如果程小奔在接近障礙物時，能夠利用下列哪一類積木，讓程小奔播放聲音？
(A) 喇叭　(B) 作動　(C) 外觀　(D) 燈光。

(　) 9. 下列哪一個積木無法判斷 True（真）或 False（假）？
(A) 小程搖晃？
(B) 前方有障礙物？
(C) 環境光強度
(D) 大於 50。

(　) 10. 關於右圖程式的敘述，何者「錯誤」？
(A) 上傳程式執行結果
(B) 重複後退與左轉
(C) 重複前進
(D) 接近障礙物播放聲音。

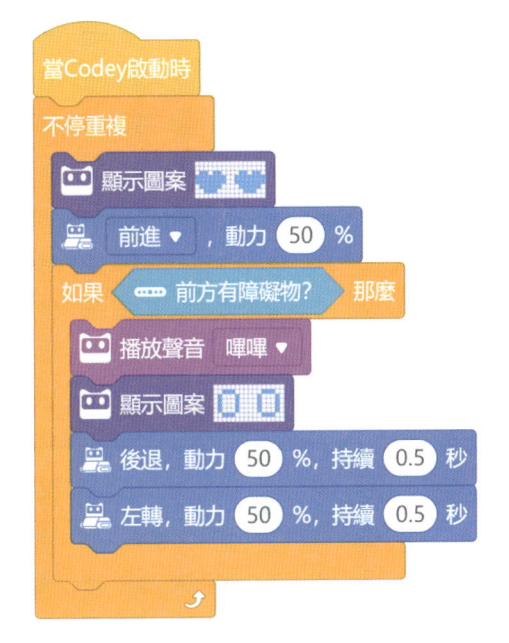

實作題

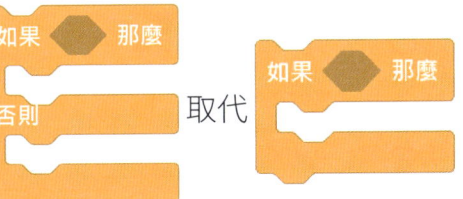

1. 請利用 如果 那麼 否則 取代 如果 那麼 ，改寫程小奔避開障礙物程式。

2. 請利用  重複直到 取代  如果 那麼 ，改寫程小奔避開障礙物程式。

Chapter 8 程小奔播報天氣

本章將利用無線網路（Wi-Fi），設計程小奔連接網路，傳送溫度、日出或空氣品質等即時網路連線資訊、判斷空氣品質，並廣播空氣品質給角色 Panda 同步顯示。

本章學習目標

1. 能夠理解物聯網的原理。
2. 能夠將程小奔連接無線網路。
3. 能夠應用物聯網，設計程小奔播報天氣。

8-1 物聯網

物聯網（Internet of Things，IoT）就是將物體透過無線網路互相連接傳遞資訊，例如：小程透過無線網路連結氣象台，顯示天氣資訊等。利用程小奔連接物聯網時，必需連接 WiFi、註冊使用者帳戶，並設定為上傳模式。在 mBlock 5 設備 Codey 的 延伸集 積木中新增 物聯網 積木，與物聯網相關的積木如下：

IoT	積木	功能
連接網路	連接 Wi-Fi 無線基地台 ssid 密碼 12345678	設定程小奔連接到無線網路基地台（ssid）及無線網路的密碼。
	Wi-Fi已經連接?	邏輯判斷網路是否已連接。 邏輯判斷結果： 1. true：無線網路已連線； 2. false：未連線。
即時資訊	地點 的 最高溫度 °C （✓ 最高溫度 °C／最低溫度 °C／最高溫度 °F／最低溫度 °F／氣象／濕度）	傳回地區的最高或最低溫度（攝氏或華氏）、天氣及濕度。
	地區 的空氣品質 空氣品質指標值 （✓ 空氣品質指標值／PM2.5／PM10／CO／SO₂／NO₂）	傳回地區的空氣品質指標值（PM2.5，PM10，CO 等）。
	地點 時間 的 日出 （✓ 日出／黃昏）	傳回地區的日出或日落黃昏的時間。

程小奔播報天氣 Chapter · 8

小試身手 ❶ 註冊登入 mBlock 5

mBlock 5 使用物聯網前，必需先註冊 mBlock 帳號，登入之後才能使用物聯網積木。

1. 將 Micro USB 連接小程與 USB 連接電腦，開啟程小奔電源。

2. 開啟 mBlock5，在「設備」按 [連接]，並設定為 [上傳] [即時] 【上傳】。

3. 點選 [延伸集]，在延申集按【+ 添加】，新增物聯網積木。

4. 添加的物聯網積木，未註冊使用者帳號，無法使用。

5. 點選 註冊帳號，輸入【自訂帳號（電子郵件）】，再按【是】，年滿 16 歲。

未登入無法使用積木

105

6. 按【同意並繼續】，並輸入【密碼】，點擊【新建帳號】。

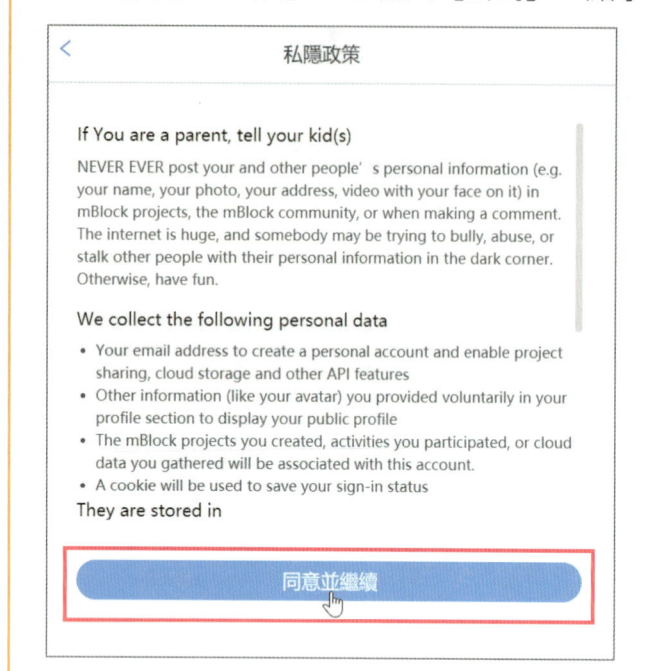

7. 註冊成功，顯示使用者登入圖示 ，並且開始使用物聯網積木。

註冊成功，登入使用積木

小試身手 ❷　程小奔連接網路（範例：ch8-1）

開啟 Wi-Fi 無線網路，當按下按鈕 A 時，程小奔連接無線網路，如果已經連線 Wi-Fi 顯示文字「Yes」、如果未連線 Wi-Fi 顯示文字「Wait」。

1. 拖曳下圖積木，點選【Wi-Fi 名稱】，並輸入【Wi-Fi 密碼】。

〈操作提示〉點選電腦螢幕右下方的無線網路時，網路名稱的大寫、小寫與符號必需完全相符，同時，無法使用 5G 無線網路。

2. 按 ●事件、●控制、●外觀 與 ●物聯網，拖曳下圖積木，程小奔等待 Wi-Fi 未連接之前，顯示文字 Wait（等待中），如果網路連接成功，顯示文字 Yes。

用主題範例學運算思維與程式設計

3. 點擊 上傳 將程式上傳到程小奔。
4. 斷開程小奔與電腦連線按下按鈕 A，檢查小程顯示的文字為：＿＿＿＿＿＿＿＿。

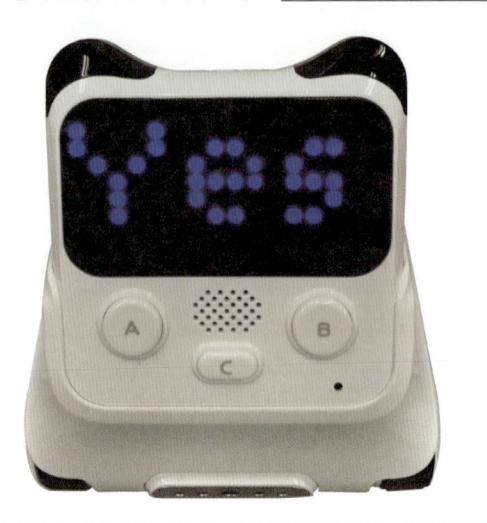

〈操作提示〉如果小程顯示「Wait」，請檢查無網網路連線及無線基地台是否正確。

8-2 運算組合字串：程小奔顯示台北最高溫度

mBlock 5 設備 (Codey) 的 運算 積木除了執行數學相關的運算之外，也能夠針對「文字字串」執行合併或計算文字長度等功能。

字串運算	積木	功　能
合併	組合字串 蘋果 和 香蕉	將第 1 串文字（蘋果）與第 2 串文字（香蕉）合併組合成蘋果香蕉。
取字	字串 蘋果 的第 1 字母	傳回字串（蘋果）的特定（第 1 個）字元。
長度	蘋果 的字元數量	傳回字串（蘋果）的長度。
判斷字串	清單 蘋果 包含 一個 ?	邏輯判斷第 1 個字串（蘋果）是否包含第 2 個字串（一個）。

📖 小試身手 ③　程小奔播氣象（範例：ch8-2）

續接小試身手二，當小程連接 Wi-Fi 時，傳回台北市的最高溫度，並顯示「Taipei 最高溫度」的文字跑馬燈。

1. 按 物聯網，拖曳 地區 最高溫度 (°C)，點選【地區】，輸入【中文「台北」或英文「Taipei」】，再按【確認】。

109

2. 按 ●運算 與 ●物聯網，將步驟1積木拖曳到積木 `組合字串 蘋果 和 香蕉`「香蕉」位置，在「蘋果」輸入【Taipei】。

`組合字串 Taipei 和 Taipei City, Taipei City, TW 的 最高溫度 °C`

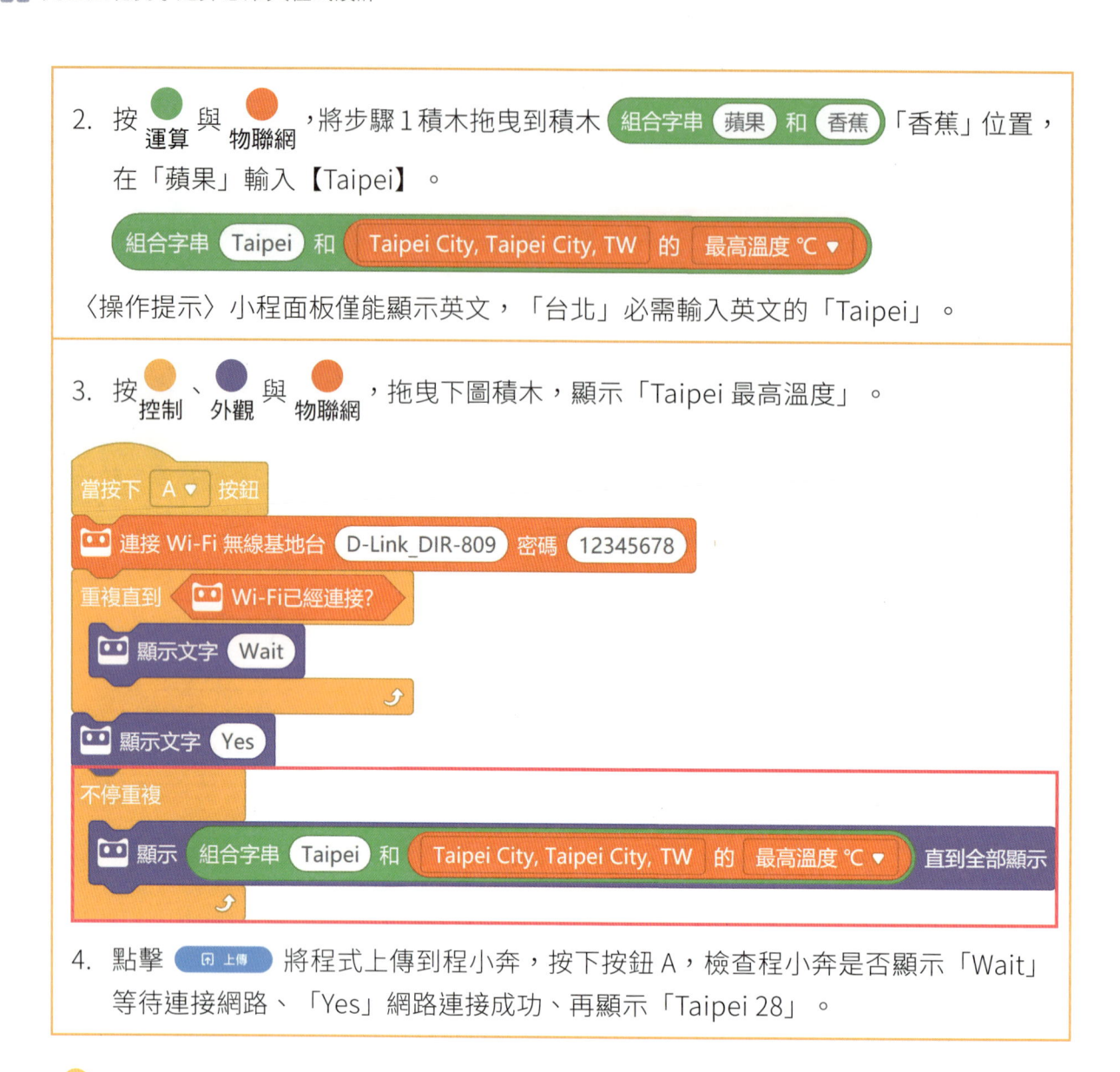

〈操作提示〉小程面板僅能顯示英文，「台北」必需輸入英文的「Taipei」。

3. 按 ●控制、●外觀 與 ●物聯網，拖曳下圖積木，顯示「Taipei 最高溫度」。

```
當按下 A 按鈕
連接 Wi-Fi 無線基地台 D-Link_DIR-809 密碼 12345678
重複直到 Wi-Fi已經連接?
    顯示文字 Wait
顯示文字 Yes
不停重複
    顯示 組合字串 Taipei 和 Taipei City, Taipei City, TW 的 最高溫度 °C 直到全部顯示
```

4. 點擊 `上傳` 將程式上傳到程小奔，按下按鈕A，檢查程小奔是否顯示「Wait」等待連接網路、「Yes」網路連接成功、再顯示「Taipei 28」。

腦力激盪 請利用無線網路，設計程小奔顯示物聯網天氣相關的資訊。

8-3 程小奔播報天氣流程規劃

按下按鈕 A 時，程小奔連接網路，傳送各城市網路連線即時天氣資訊，並廣播訊息給角色 Panda 判斷。

40 mins

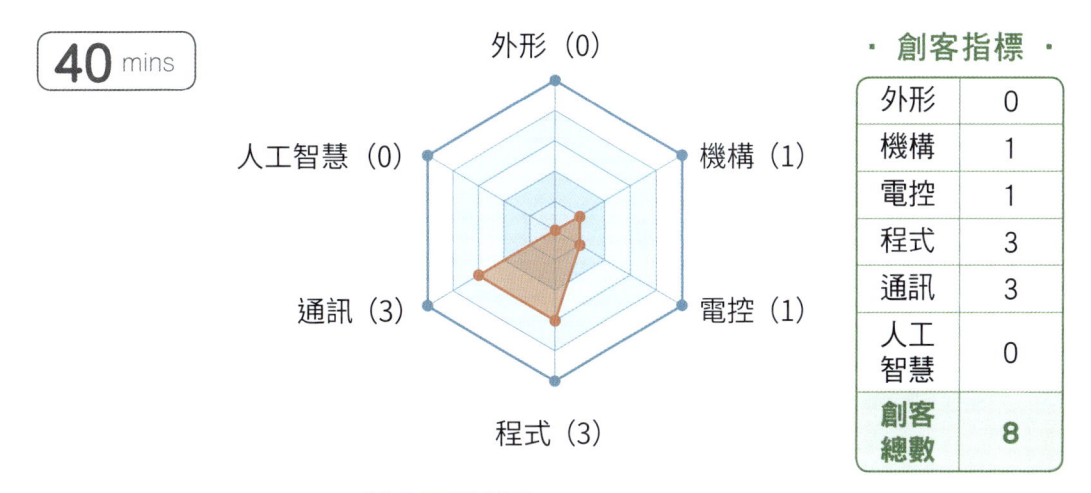

外形（0）
機構（1）
電控（1）
程式（3）
通訊（3）
人工智慧（0）

・創客指標・

外形	0
機構	1
電控	1
程式	3
通訊	3
人工智慧	0
創客總數	8

創客題目編號：A016008

一 程小奔播天氣資訊流程規劃

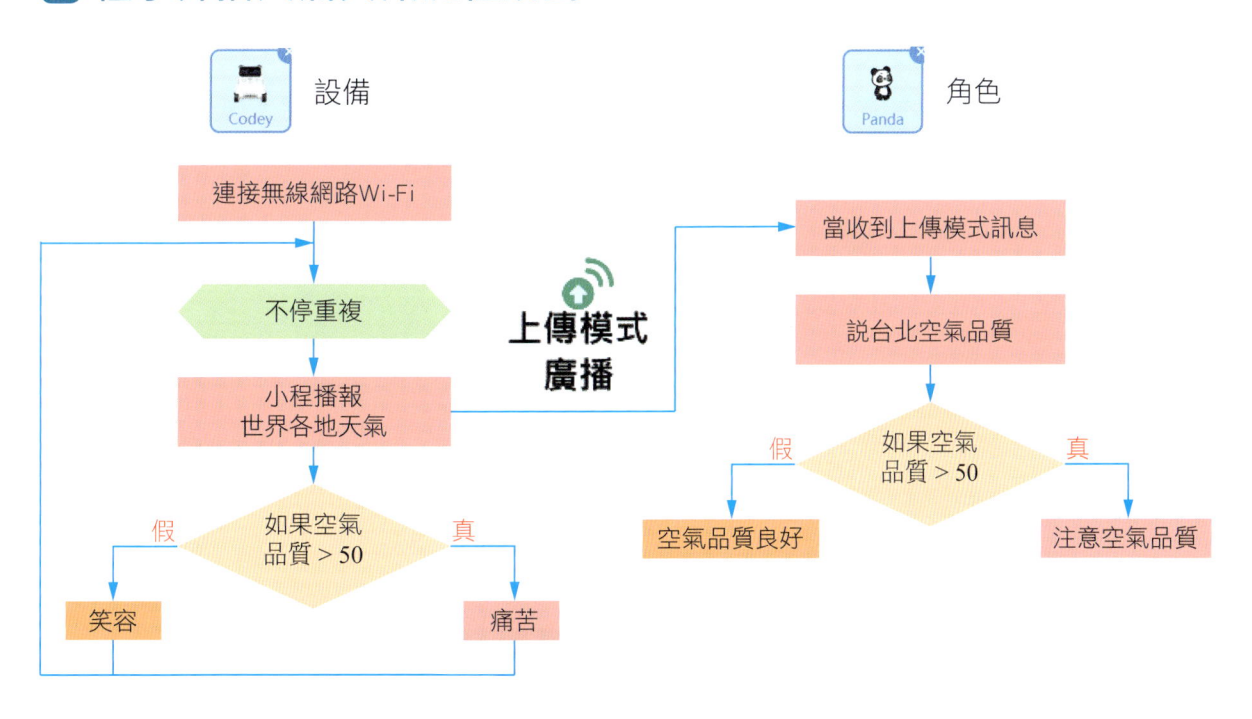

設備 Codey

連接無線網路Wi-Fi
↓
不停重複
↓
小程播報世界各地天氣
↓
如果空氣品質 > 50
- 假 → 笑容
- 真 → 痛苦

上傳模式廣播

角色 Panda

當收到上傳模式訊息
↓
說台北空氣品質
↓
如果空氣品質 > 50
- 假 → 空氣品質良好
- 真 → 注意空氣品質

用主題範例學運算思維與程式設計

8-4 程小奔播報天氣

一、小程連接無線網路

按下按鈕 A，設定無線網路 Wi-Fi「名稱」與「密碼」，如果小程連接網路顯示圖案 1，如果沒有連接網路顯示圖案 2。

Step.01 在「設備」將 [Codey] 設定為 【上傳】。

Step.02 按 事件、控制、外觀 與 物聯網，拖曳下圖積木，程小奔等待 Wi-Fi 未連接之前，顯示圖案 1，如果網路連接，顯示圖案 2，1 秒。

二、小程播報世界各地天氣資訊

如果小程網路已連接，顯示台北「Taipei 空氣品質」、北京「Beijing 最高溫度」與東京「Tokyo 日出」，世界主要城市天氣資訊的跑馬燈。

Step.01 按 控制、外觀、運算 與 物聯網，拖曳下圖積木。

> Wi-Fi 連線氣象台，取得世界主要城市即時天氣資訊。

Step.02 點擊 上傳 將程式上傳到程小奔，按下按鈕 A，檢查程小奔是否顯示世界各地天氣資訊。

8-5 小程判斷空氣品質

如果台北空氣品質大於 50，顯示痛苦，否則顯示笑容。

Step.01 按 ●控制、●情感、●運算 與 ●物聯網，如果空氣品質大於 50，顯示情感積木的「痛苦」、否則顯示「笑容」。

```
當按下 A 按鈕
連接 Wi-Fi 無線基地台 D-Link_DIR-809 密碼 12345678
重複直到 Wi-Fi已經連接?
    顯示圖案 [圖]
顯示圖案 [圖]，持續 1 秒
不停重複
    顯示 組合字串 Taipei 和 台北; Shilin, Taiwan (台灣士林) 的空氣品質 空氣品質指標值 直到全部顯示
    如果 台北; Shilin, Taiwan (台灣士林) 的空氣品質 空氣品質指標值 大於 50 那麼
        痛苦
    否則
        笑容
    顯示 組合字串 Beijin 和 Beijing, Beijing, CN 的 最高溫度 ℃ 直到全部顯示
    顯示 組合字串 Tokyo 和 Tokyo, Tokyo Prefecture, JP 時間 的 日出 直到全部顯示
```

> 判斷台北空氣品質是否大於 50。

Step.02 點擊 [上傳] 將程式上傳到程小奔，按下按鈕 A，檢查程小奔是否顯示世界各地天氣資訊，當台北空氣品質大於 50 時，顯示痛苦，否則顯示笑容。

8-6 小程上傳模式廣播訊息

「設備」程小奔的連接方式如果是「上傳」模式，無法傳遞即時連線天氣資訊給「角色」，必需利用「設備」的 上傳模式廣播，將資訊廣播給「角色」Panda 接收。

在「設備」的 上傳模式廣播 相關積木功能如下：

設備	積　　木	功　　能
設備發送訊息	1. 發送上傳模式訊息 message 2. 發送上傳模式訊息 message 及數值 1	1. 設備發送上傳模式訊息（message）。 2. 設備發送上傳模式訊息及數值。
設備接收訊息	當收到上傳模式訊息 message	當設備收到上傳模式訊息時，開始執行下一行積木。
傳回值	上傳模式訊息 message 數值	傳回設備收到的上傳模式訊息與數值。

Step.01 點選 延伸集，在延伸集按【+ 添加】，新增【上傳模式廣播】積木。

114

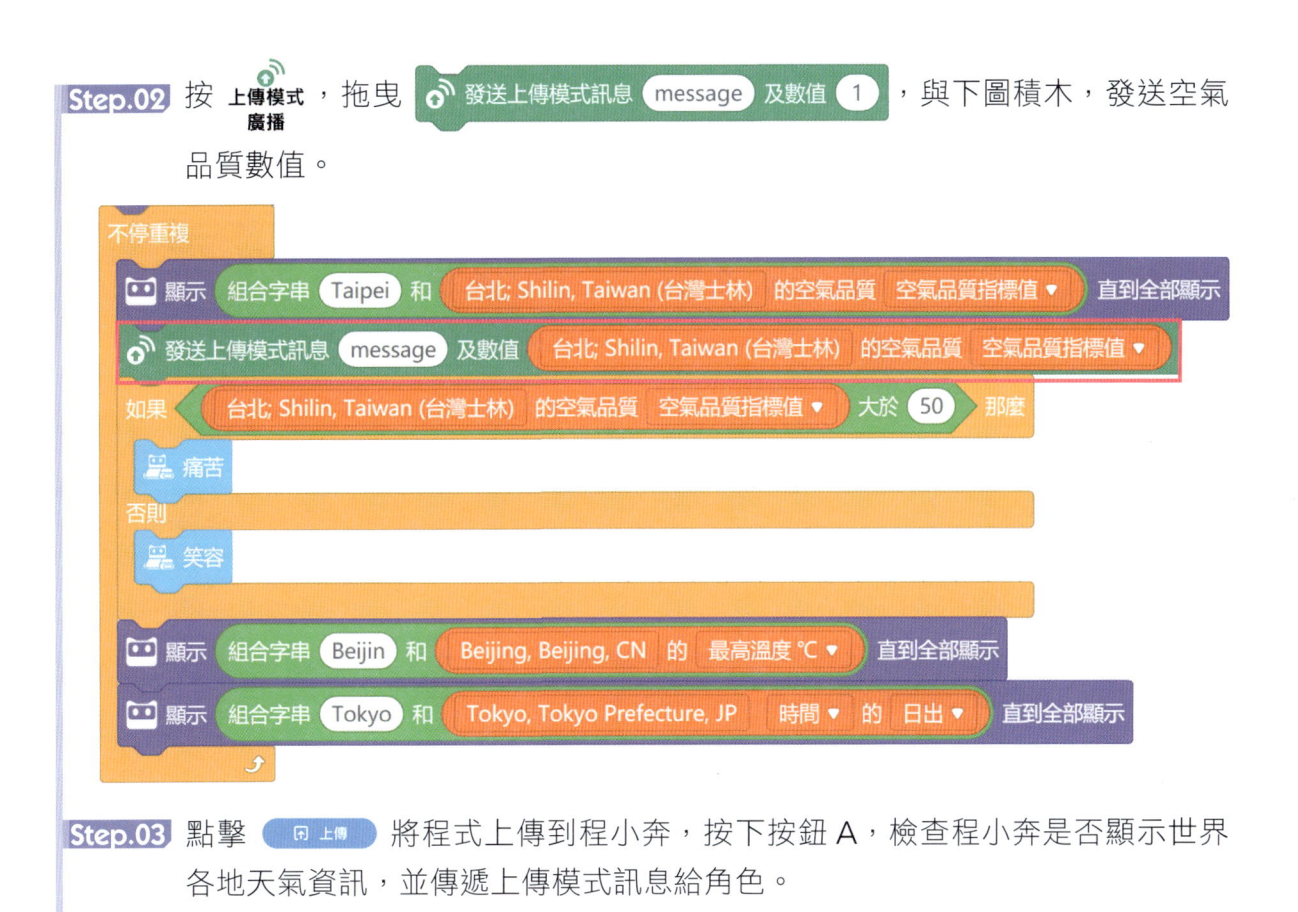

程小奔播報天氣 Chapter · 8

Step.02 按 上傳模式廣播，拖曳 發送上傳模式訊息 message 及數值 1，與下圖積木，發送空氣品質數值。

```
不停重複
    顯示 組合字串 Taipei 和 台北; Shilin, Taiwan (台灣士林) 的空氣品質 空氣品質指標值▼  直到全部顯示
    發送上傳模式訊息 message 及數值 台北; Shilin, Taiwan (台灣士林) 的空氣品質 空氣品質指標值▼
    如果 台北; Shilin, Taiwan (台灣士林) 的空氣品質 空氣品質指標值▼ 大於 50 那麼
        痛苦
    否則
        笑容
    顯示 組合字串 Beijin 和 Beijing, Beijing, CN 的 最高溫度 °C▼  直到全部顯示
    顯示 組合字串 Tokyo 和 Tokyo, Tokyo Prefecture, JP 時間▼ 的 日出▼  直到全部顯示
```

Step.03 點擊 上傳 將程式上傳到程小奔，按下按鈕 A，檢查程小奔是否顯示世界各地天氣資訊，並傳遞上傳模式訊息給角色。

8-7 角色接收上傳模式廣播的訊息

「角色」Panda 收到程小奔「上傳模式廣播」的訊息時，也利用 上傳模式廣播 接收訊息。在「角色」的 上傳模式廣播 相關積木功能如下：

角色	積木	功 能
角色 發送訊息	發送上傳模式訊息 message 發送上傳模式訊息 message 及數值 1	1. 角色發送上傳模式訊息（message）。 2. 角色發送上傳模式訊息及數值。
角色 接收訊息	當收到上傳模式訊息 message	當角色收到上傳模式訊息時，開始執行下一行積木。
傳回值	上傳模式訊息 message 數值	傳回角色收到的上傳模式訊息與數值。

Step.01 點選【角色】，點擊 延申集 ，在延申集按【+ 添加】，新增【上傳模式廣播】積木。

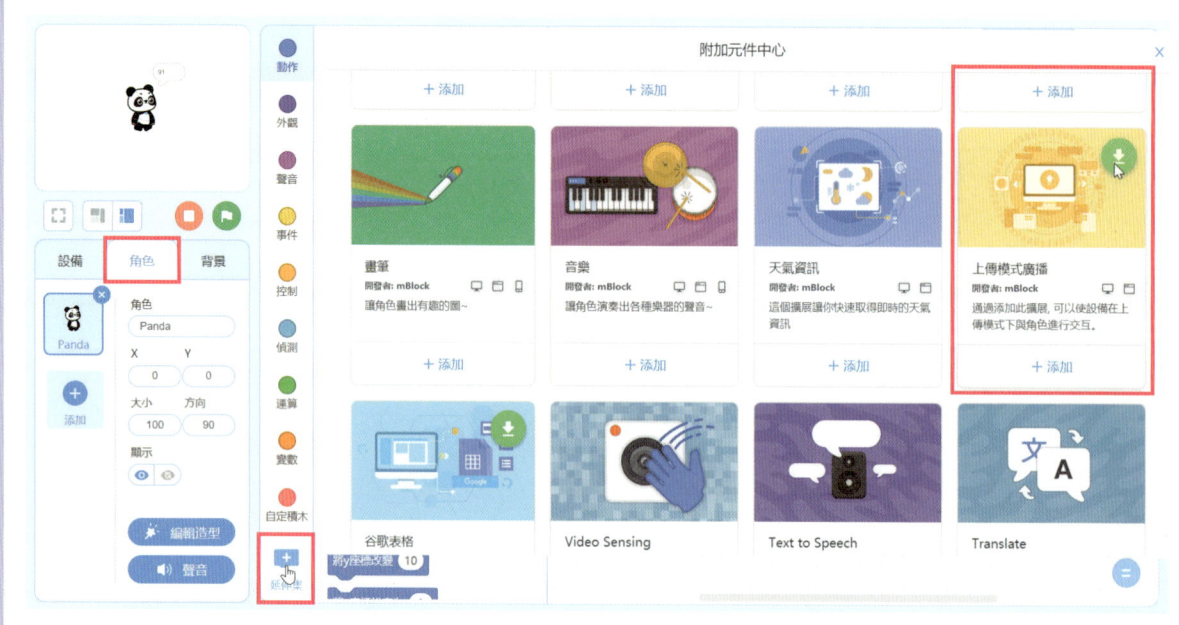

〈操作提示〉延申集右上方顯示綠色更新圖示，請先更新再添加。

Step.02 拖曳下圖積木，讓舞台 Panda 同步判斷台北空氣品質。

Step.03 按下程小奔按鈕 A，檢查程小奔是否顯示世界各地天氣資訊，同時，舞台的 Panda 也説出台北的空氣品質，並判斷品空氣品質。

實力評量

單選題

( ) 1. 如果想要將程小奔連接無線網路傳遞即時資訊，應該使用下列哪一種功能？
(A) 人工智慧　(B) 文字轉語音　(C) 物聯網　(D) 翻譯。

( ) 2. 如果想要利用邏輯判斷網路是否已經連接，應該使用下列哪一個積木傳回 true（真）或 false（假）？
(A)  連接 Wi-Fi 無線基地台 ssid 密碼 12345678
(B)  地點 時間▼ 的 日出▼
(C)  地點 的 最高溫度 ℃▼
(D)  Wi-Fi已經連接？ 。

( ) 3. 下列關於程小奔物聯網積木的敘述，何者「錯誤」？
(A) 必須連接無線網路
(B) 必須使用 5G 無線網路
(C) 必須登入使用者帳號
(D) 能夠傳回某地區的空氣品質。

( ) 4. 關於下圖程式的敘述，何者「錯誤」？

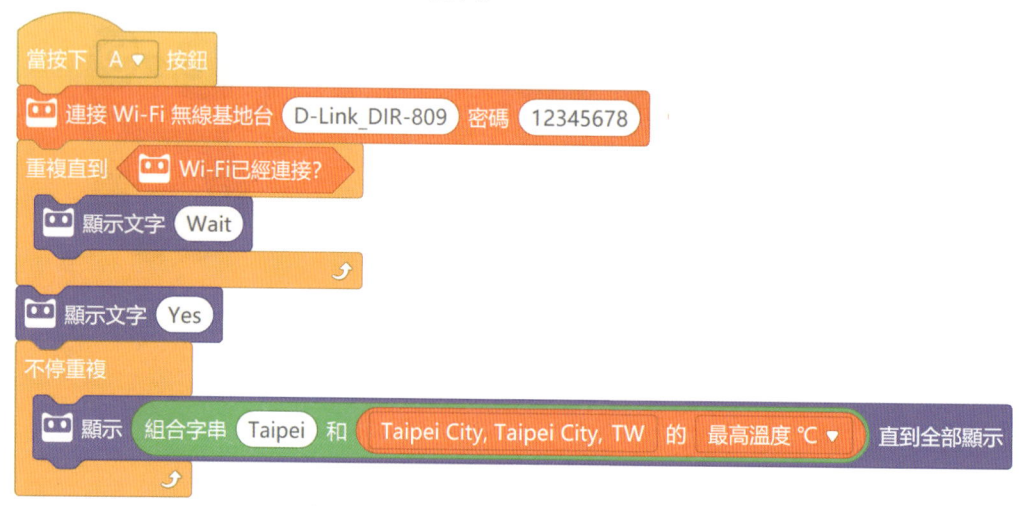

當按下 A▼ 按鈕
連接 Wi-Fi 無線基地台 D-Link_DIR-809 密碼 12345678
重複直到 Wi-Fi已經連接？
　顯示文字 Wait
顯示文字 Yes
不停重複
　顯示 組合字串 Taipei 和 Taipei City, Taipei City, TW 的 最高溫度 ℃▼ 直到全部顯示

(A) Wi-Fi 連接成功顯示 Wait
(B) Wi-Fi 連接成功顯示 Yes
(C) 無線網路的帳號為 D-Link_DIR-809
(D) 重複顯示 Wait 直到 Wi-Fi 連接成功。

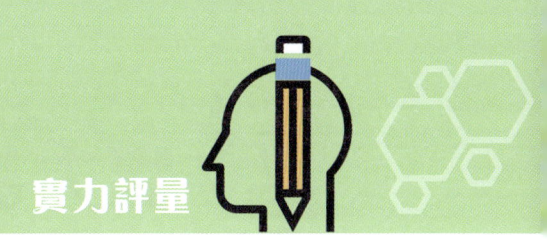

(　　) 5. 如果「台北最高溫度 =36」，下圖程式的執行結果為何？

　　　　組合字串 Taipei 和 Taipei City, Taipei City, TW 的 最高溫度 ℃ ▼

(A) 36　　　　　　　　　　　　(B) Taipei36
(C) 台北最高溫度 =36　　　　　 (D) Taipei=36。

(　　) 6. 程小奔上傳程式並連線無線網路之後，如果想要傳遞資訊給角色 Panda，應該使用下列哪一類積木？

(A) 天氣資訊　　(B) 物聯網　　(C) 事件　　(D) 上傳模式。廣播

(　　) 7. 如果程小奔想要傳送訊息給角色 Panda，應該使用下列哪一個積木？

(A) 當收到上傳模式訊息 message（綠色）
(B) 當收到上傳模式訊息 message（紫色）
(C) 發送上傳模式訊息 message（綠色）
(D) 發送上傳模式訊息 message（紫色）。

(　　) 8. 如果角色 Panda 想要傳送訊息給程小奔，應該使用下列哪一個積木？

(A) 當收到上傳模式訊息 message（綠色）
(B) 當收到上傳模式訊息 message（紫色）
(C) 發送上傳模式訊息 message（綠色）
(D) 發送上傳模式訊息 message（紫色）。

(　　) 9. 如果程小奔想要接收角色 Panda 傳送的訊息，應該使用下列哪一個積木？

(A) 當收到上傳模式訊息 message（綠色）
(B) 當收到上傳模式訊息 message（紫色）
(C) 發送上傳模式訊息 message（綠色）
(D) 發送上傳模式訊息 message（紫色）。

實力評量

(　　) 10. 關於下圖程式的敘述，何者「正確」？

顯示 組合字串 Taipei 和 台北; Shilin, Taiwan (台灣士林) 的空氣品質 空氣品質指標值 ▼ 直到全部顯示

發送上傳模式訊息 message 及數值 台北; Shilin, Taiwan (台灣士林) 的空氣品質 空氣品質指標值 ▼

如果 台北; Shilin, Taiwan (台灣士林) 的空氣品質 空氣品質指標值 ▼ 大於 50 那麼
　痛苦
否則
　笑容

(A) Panda 發送上傳模式訊息及台北士林空氣品質指標數值
(B) 如果台北士林空氣品質指標 >50，Panda 顯示痛苦
(C) 如果台北士林空氣品質指標 >50，程小奔顯示痛苦
(D) Panda 重複顯示 Taipei 士林空氣品質指標數值。

實作題

1. 請改寫程式，如果北京最高溫度大於等於 20，程小奔播放笑容。

2. 請改寫程式，如果東京最低溫度小於 0，程小奔發送訊息給 Panda，Panda 收到訊息播放聲音。

Chapter 9 程小奔的人工智慧辨識

本章將利用角色 Panda 的人工智慧，設計人工智慧認知服務（Cognitive Service）功能，進行英文印刷文字辨識、品牌圖片辨識、人臉情緒辨識與性別檢測。

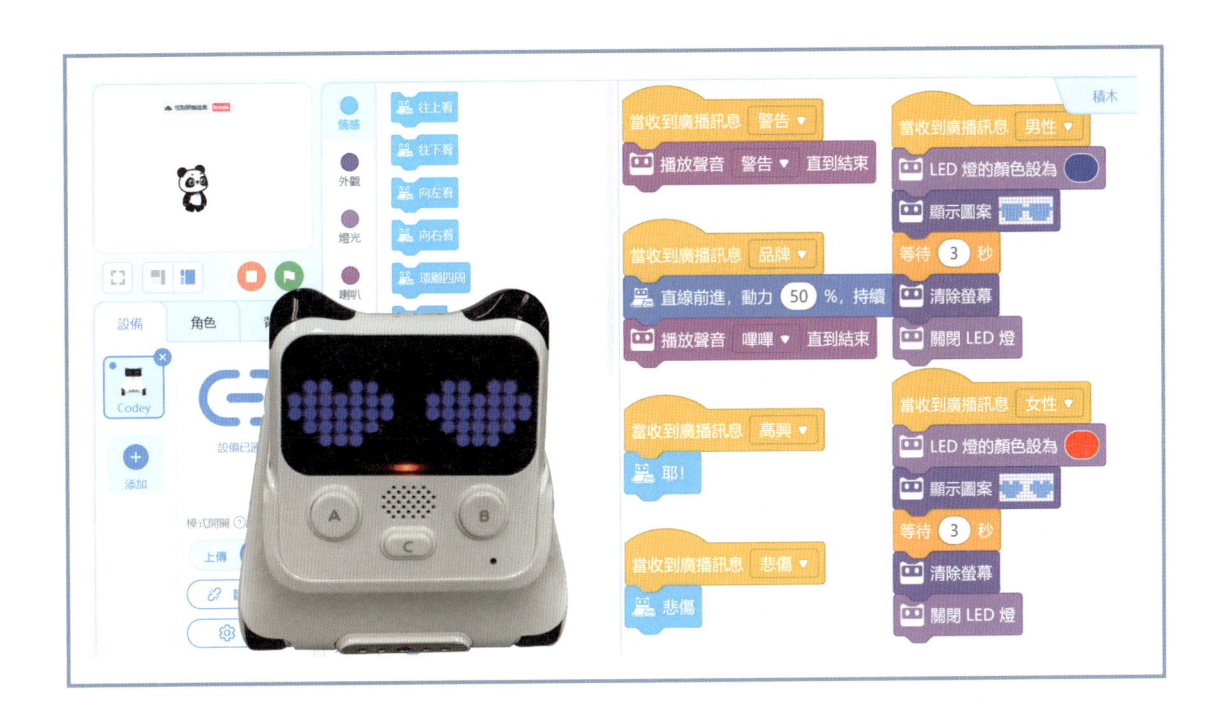

本章學習目標

1. 能夠理解人工智慧認知服務的原理。
2. 能夠操作人工智慧辨識。
3. 能夠應用人工智慧辨識結果，設計程小奔互動的動作。

9-1 人工智慧

人工智慧（Artificial Intelligence，AI）是設計程式，讓電腦執行類似人類智慧的能力，例如：利用 mBlock 5 撰寫人工智慧程式，讓電腦能夠辨識人類語音的內容或辨識人類的喜、怒、哀、樂表情等。在 mBlock 5「角色」 的 延伸集 積木中新增 人工智慧 積木，與人工智慧相關的認知服務積木如下：

AI	積木	功能
語音	開始 普通話(簡體) 語音識別，持續 2 秒 （下拉選單：普通話(簡體)、香港話(繁體)、台灣普通話(繁體)、英文、法文、德文、義大利文、西班牙文）	開始中文、英文、法文、德文、意大利文或西班牙文語音識別，識別時間持續 2 秒、5 秒或 10 秒。
	語音識別結果	傳回語音識別結果。
年齡	在 1 秒後辨識人臉年齡	在 1～3 秒，辨識人臉年齡。
	年齡識別結果	傳回人臉年齡識別結果。

情緒	[在 1▼ 秒後辨識人臉情緒]	在 1～3 秒，辨識人臉高興、平靜、驚訝、悲傷、生氣、輕視、厭惡或恐懼的情緒。
	[高興▼ 的指數] ✓ 高興 平靜 驚訝 悲傷 生氣 輕視 厭惡 恐懼	傳回人臉情緒識別結果。
	[情緒為 高興▼]	邏輯判斷人臉情緒是否為高興（或平靜、驚訝、悲傷、生氣、輕視、厭惡與恐懼）。 邏輯判斷結果： (1) true：情緒是高興； (2) false：情緒不是高興。
文字	[在 2▼ 秒後辨識 中文(簡體)▼ 印刷文字] ✓ 中文(簡體) 中文(繁體) 英文 法文 德文 義大利文 西班牙文	辨識中文、英文、法文、德文、意大利文或西班牙文文字識別，辨識時間持續 2 秒、5 秒或 10 秒。
	[在 2▼ 秒後辨識英文手寫文字]	辨識英文手寫文字，辨識時間持續 2 秒、5 秒或 10 秒。
	[文字辨識結果]	傳回文字識別結果。
性別	[1▼ 秒後, 檢測性別]	在 1～3 秒，辨識性別。
	[性別辨識結果]	傳回性別辨識結果。

圖像	識別 影像辨識▼ 圖片,在 1▼ 秒後 ✓ 影像辨識 品牌 公眾人物 地標 圖片說明	辨識影像、品牌、公眾人物、地標或圖片說明。
	影像辨識▼ 識別結果	傳回影像辨識結果。

註：更多人工智慧辨識功能陸續更新中。

〈操作提示〉人工智慧辨識時，請檢查下列事項：

1. 網路連線，才能夠連線後端資料庫進行人工智慧辨識功能。

2. 「設備」的程小奔設定為「即時」模式，才能夠傳遞即時資訊。

3. 註冊 mBlock 帳號並登入使用者帳戶。

小試身手 ❶ 角色 Panda 辨識語音（範例：ch9-1）

開啟電腦的視訊攝影機及麥克風，點擊 Panda 輸入語音，角色 Panda 顯示文字辨識結果。

1. 將 Micro USB 連接小程與 USB 連接電腦，開啟程小奔電源。

2. 開啟 mBlock5，在「設備」按 連接 ，並設定為 上傳 即時 【即時】。

3. 點選【角色】，在 延伸集 按【+添加】，新增「認知服務」積木。

〈操作提示〉首次使用認知服務時，右上方如果有【更新擴展】，請先更新，再添加認知服務。

4. 點選 ⬤ 登入【使用者帳號（電子郵件）】與【密碼】。

5. 開啟電腦的視訊攝影機及麥克風。

6. 按 ⬤事件 與 ⬤人工智慧，拖曳下圖積木，點擊 Panda 時，對著麥克風說：「前進」。

用主題範例學運算思維與程式設計

7. 勾選語音識別結果，點擊 Panda，對著麥克風說：「前進」，檢查舞台是否顯示「前進」。

4. Panda 顯示辨識文字。

2. 點擊 Panda。

1. 勾選在舞台顯示語音識別結果。

3. 對著麥克風說：「前進」。

〈操作提示〉辨識時，切換大舞台、小舞台或全螢幕的方式：

小舞台　　　　　　　　　　　大舞台

全螢幕

返回

126

小試身手 ❷ 角色 Panda 辨識人臉年齡（範例：ch9-2）

開啟電腦的視訊攝影機及麥克風，按下鍵盤↑（上移鍵），辨識人臉年齡，角色 Panda 顯示年齡辨識結果。

1. 按 事件 與 人工智慧，拖曳下圖積木，同時，勾選年齡識別結果。

   按↑開始。

   1 秒辨識人臉年齡。

2. 按下鍵盤↑（上移鍵），辨識人臉年齡，並顯示辨識結果。

   2. 顯示人臉年齡。

   1. 面對識別窗口。

腦力激盪 請利用 事件 與 人工智慧 設計人工智慧辨識功能。

用主題範例學運算思維與程式設計

9-2 人工智慧辨識流程

當按下按鍵 1～4 時，分別進行英文印刷文字辨識、品牌圖片辨識、人臉情緒辨識與性別檢測。

40 mins

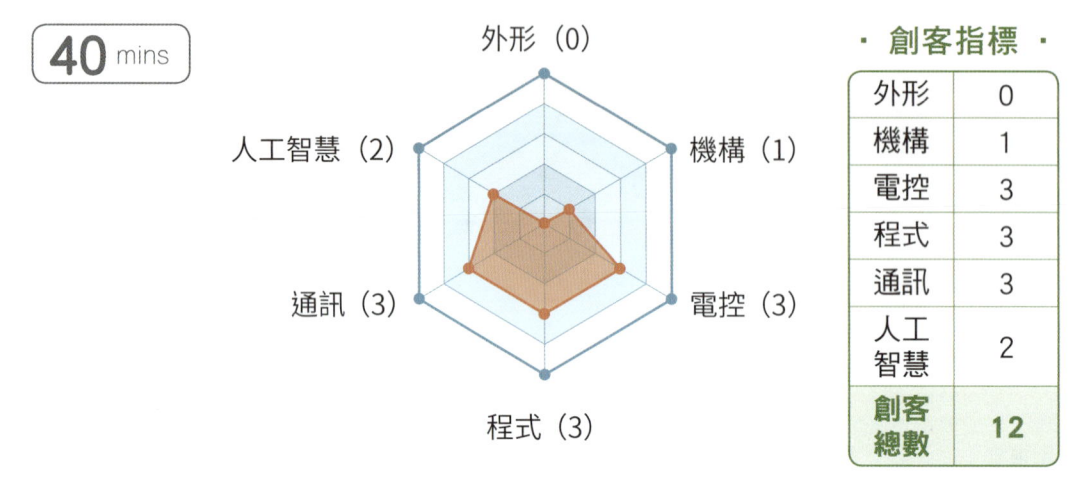

創客指標	
外形	0
機構	1
電控	3
程式	3
通訊	3
人工智慧	2
創客總數	12

創客題目編號：A016009

一 角色 Panda 辨識英文印刷文字執行流程

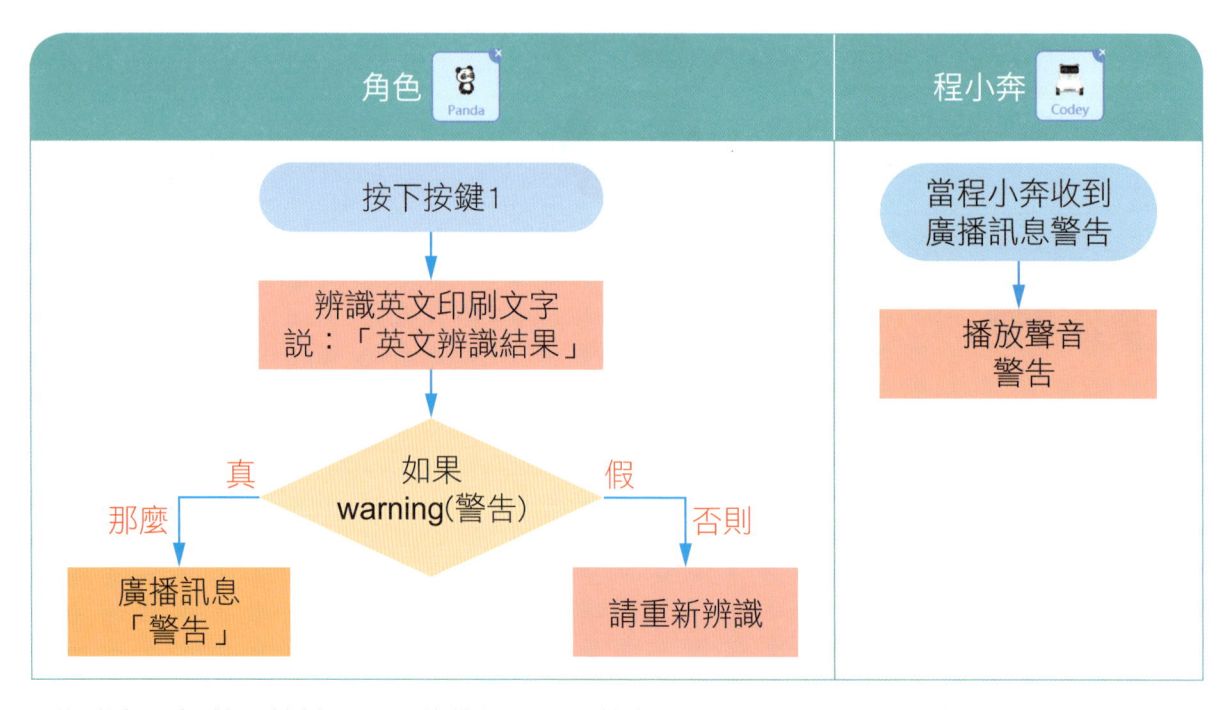

角色 Panda

按下按鍵1
↓
辨識英文印刷文字
說：「英文辨識結果」
↓
如果 warning（警告）
- 真 那麼 → 廣播訊息「警告」
- 假 否則 → 請重新辨識

程小奔 Codey

當程小奔收到廣播訊息警告
↓
播放聲音警告

〈操作提示〉按下按鍵 2～4 的執行流程與英文印刷文字流程類似。

128

9-3 英文印刷文字辨識

當按下按鍵 1，開始辨識英文印刷文字，Panda 顯示英文印刷文字辨識結果。如果包含 warning（警告）文字，廣播訊息「警告」。當程小奔接收到警告訊息，播放警告聲音。

一　角色辨識英文印刷文字

Step.01 點擊角色，勾選文字識別結果，拖曳下圖積木，按下按鍵 1，開始辨識英文印刷文字。

> 按下 1，開始英文印刷文字辨識。

> 如果辨識結果包含 wraning 廣播訊息警告。

> 否則說出：「請重新辨識」。

Step.02 在視訊攝影機前顯示「warning」英文字，檢查文字識別結果。

1. 面對識別窗口顯示英文字 warning。

2. 角色說出：「warning」。

〈操作說明〉字串包含與等於的差異：

包含	字串 文字辨識結果 包含 warning ?	只要包含 warning 文字就為真，例如：warning warning 12345 三串文字，包含 warning 為真。
等於	文字辨識結果 等於 warning	必須與 warning 所有大寫、小寫、空格或符號完全相符才為真，例如：Warning，第 1 個字大寫就為假，無法相等。

程小奔播放聲音

當程小奔接收到警告訊息，播放警告聲音。

Step.01 點擊【設備】的程小奔，拖曳下圖積木，當程小奔收到廣播訊息播放聲音。

〈操作提示〉程小奔設定為「即時」模式，才能夠接收 Panda 廣播的訊息。

Step.02 重新按下 1，在視訊攝影機前顯示「warning」英文字，檢查 Panda 是否說出文字識別結果、程小奔也播放「警告」聲音。

9-4 品牌圖片辨識

當按下按鍵 2，開始辨識品牌圖片，Panda 顯示品牌圖片辨識結果。如果包含文字 B，廣播訊息「品牌」。當程小奔接收到品牌廣播訊息，直線前進 1 秒並播放嗶嗶聲。

一 角色辨識品牌圖片

Step.01 點擊角色，勾選圖片識別結果，拖曳下圖積木，按下按鍵 2，開始辨識品牌圖片。

- 按下 2，開始品牌圖片辨識。
- 如果辨識結果包含 B 廣播訊息品牌。
- 否則說出：「請重新辨識」。

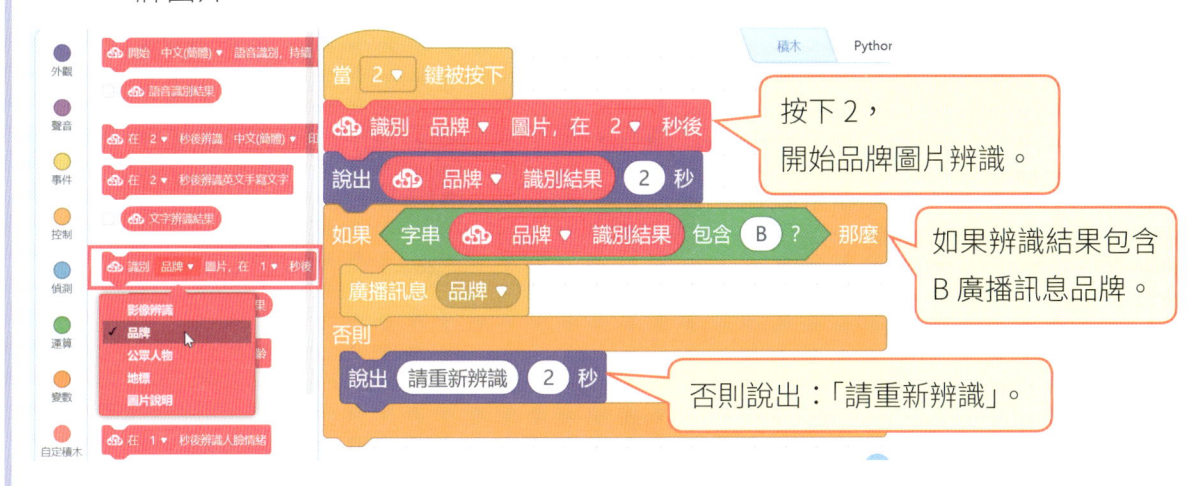

Step.02 在視訊攝影機前顯示品牌 Logo 圖片，檢查圖片識別結果。

1. 面對識別窗口顯示 BMW 圖片
2. 角色說出：「BMW」

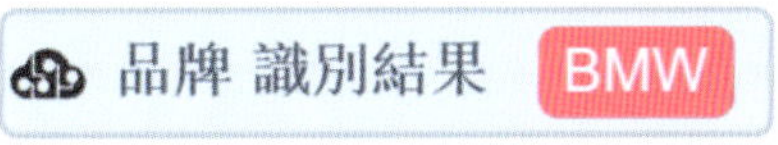

程小奔嗶嗶直線前進

當程小奔接收到品牌廣播之後，直線前進 1 秒，並播放嗶嗶聲。

Step.01 點擊【設備】的程小奔，拖曳下圖積木，當程小奔收到廣播訊息，直線前進 1 秒，並播放嗶嗶聲。

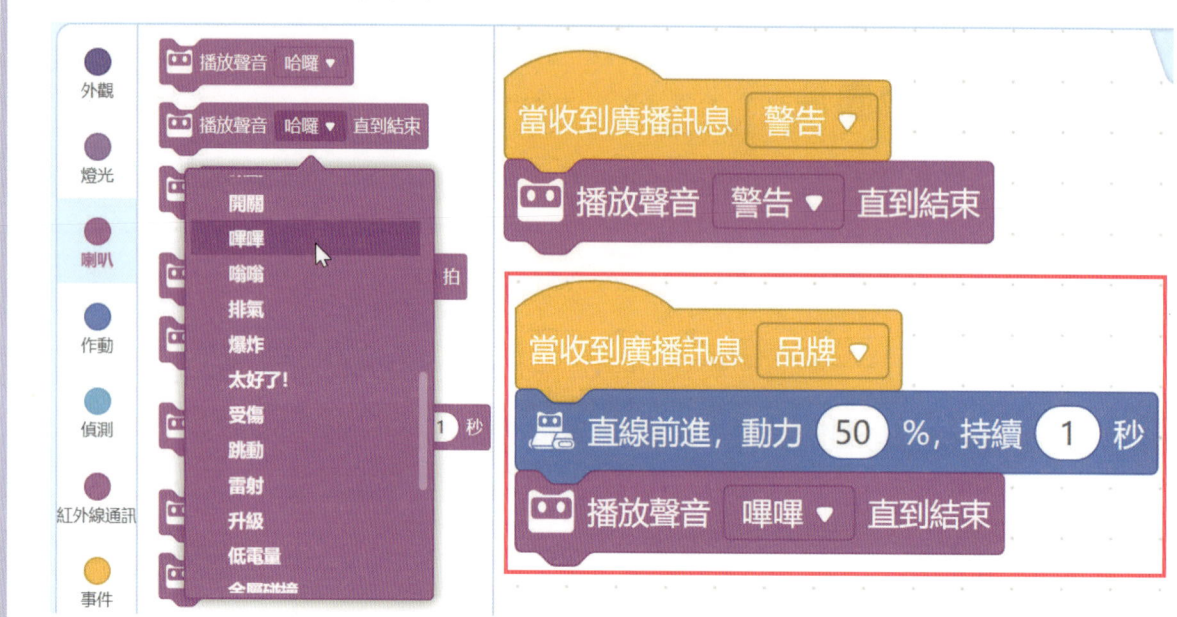

Step.02 重新按下 2，在視訊攝影機前顯示品牌 Logo 圖片，檢查 Panda 是否說出圖片識別結果、程小奔直線前進並播放嗶嗶聲。

9-5 人臉情緒辨識

當按下按鍵 3，開始辨識人臉的情緒，Panda 顯示人臉高興情緒的指數，從 0～100。如果高興的數值大於 20，廣播訊息「高興」、否則廣播訊息「悲傷」。當程小奔接收到高興的廣播訊息，顯示「耶！」情感、如果收到悲傷的廣播訊息，顯示「悲傷」情感。

一 角色辨識人臉情緒

Step.01 點擊角色，勾選高興的數值，拖曳下圖積木，按下按鍵 3，開始辨識人臉的情緒。

- 按下 3，開始辨識人臉情緒。
- 如果高興數值 >20，廣播訊息高興。
- 否則廣播訊息悲傷。

Step.02 在視訊攝影機前開口笑，檢查人臉情緒識別結果。

1. 面對識別窗口開口笑。
2. 角色說出：「高興的數值」

程小奔高興或悲傷

當程小奔接收到高興的廣播訊息,顯示「耶!」情感、如果收到悲傷的廣播訊息,顯示「悲傷」情感。

Step.01 點擊【設備】的程小奔,拖曳下圖積木,收到高興的廣播訊息,顯示「耶!」情感、如果收到悲傷的廣播訊息,顯示「悲傷」情感。

Step.02 重新按下 3,在視訊攝影機前開口笑或不笑,檢查 Panda 是否說人臉情緒高興指數、程小奔依據高興數值說:「耶!」或悲傷。

9-6 性別辨識

當按下按鍵 4，開始辨識性別，Panda 顯示性別辨識結果。如果性別辨識結果包含 female（女性），廣播訊息「女性」、否則廣播訊息「男性」。當程小奔接收到女性的廣播訊息，顯示圖案 1 與紅色 LED、如果收到男性廣播訊息，顯示圖案 2 與藍色 LED。

一、角色辨識性別

Step.01 點擊角色，勾選性別辨識結果，拖曳下圖積木，按下按鍵 4，開始辨識性別。

- 按下 4，開始辨識性別。
- 如果性別包含 female，廣播訊息女性。
- 否則廣播訊息男性。

Step.02 面對視訊攝影機，檢查性別識別結果。

1. 面對識別窗口。
2. 角色說出：「性別」

用主題範例學運算思維與程式設計

程小奔顯示女性或男性

當程小奔接收到女性的廣播訊息，顯示圖案 1 與紅色 LED、如果收到男性廣播訊息，顯示圖案 2 與藍色 LED。

Step.01  點擊【設備】的程小奔，拖曳下圖積木，收到女性的廣播訊息，顯示圖案 1 與紅色 LED、收到男性廣播訊息，顯示圖案 2 與藍色 LED。

Step.02 重新按下 4，面對視訊攝影機檢測性別，檢查 Panda 是否說性別、程小奔依據男性或女性顯示不同圖案與 LED。

程小奔顯示男性。　　　　程小奔顯示女性。

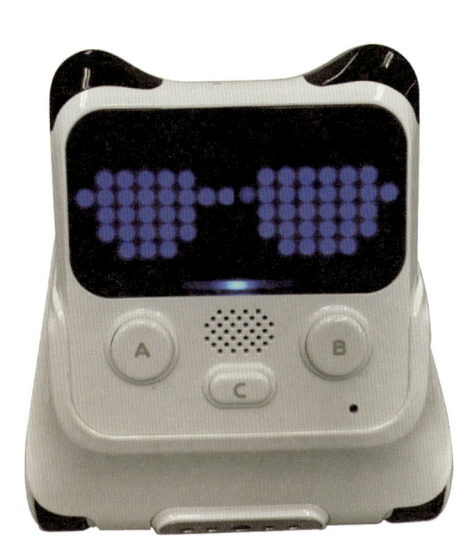

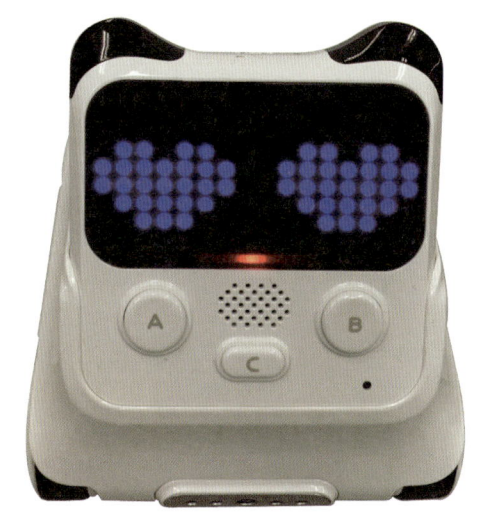

實力評量

單選題

( ) 1. 如果想要讓電腦執行類似人類智慧的能力，應該使用下列哪一類積木？
(A) 人工智慧 (B) 天氣資訊 (C) 上傳模式廣播 (D) 喇叭。

( ) 2. 如果想要讓電腦辨識現在心情是高興或悲傷，應該使用下列哪一個積木？
(A) 在 1 秒後辨識人臉年齡
(B) 在 2 秒後辨識英文手寫文字
(C) 1 秒後, 檢測性別
(D) 在 1 秒後辨識人臉情緒。

( ) 3. 下列哪一個積木「無法」傳回認知服務辨識的結果？
(A) 影像辨識 識別結果
(B) 文字辨識結果
(C) 1 秒後, 檢測性別
(D) 高興 的指數。

( ) 4. 下列關於程小奔人工智慧積木的敘述，何者「錯誤」？
(A) 必須連接無線網路
(B) 能夠辨識中文語音
(C) 必須登入使用者帳號
(D) 必須設定為即時模式。

( ) 5. 下列何者不屬於角色 Panda 的延申集功能？
(A) 認知服務 (B) 物聯網 (C) 文字轉語音 (D) 上傳模式廣播。

( ) 6. 下列哪一個積木能夠產生右圖的執行結果？
(A) 在 1 秒後辨識人臉情緒
(B) 在 1 秒後辨識人臉年齡
(C) 文字辨識結果
(D) 情緒為 高興

年齡識別結果 5

( ) 7. 如果角色 Panda 想要傳遞訊息給程小奔，能夠使用哪一類積木？
(A) 人工智慧 (B) 運算 (C) 事件 (D) 紅外線通訊。

實力評量

( ) 8. 關於下圖程式的敘述，何者「錯誤」？

　　　字串 文字辨識結果 包含 warning ?

　　(A) 字串屬於 ● 運算 積木
　　(B) 文字辨識結果 傳回文字辨識結果
　　(C) 判斷文字識別結果是否包含 WARNING
　　(D) 判斷結果為 true（真）或 false（假）。

( ) 9. 關於下圖程式的敘式，何者「正確」？

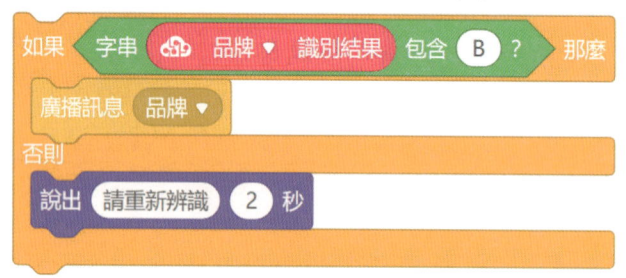

　　　如果 字串 品牌▼ 識別結果 包含 B ? 那麼
　　　　廣播訊息 品牌▼
　　　否則
　　　　說出 請重新辨識 2 秒

　　(A) 程小奔辨識品牌
　　(B) 品牌辨識之後廣播訊息「品牌」
　　(C) 品牌辨識不包含 B 時，廣播訊息「品牌」
　　(D) 角色 Panda 辨識品牌。

( ) 10. 關於右圖程式的敘式，何者「錯誤」？
　　(A) 角色 Panda 收到廣播訊息「警告」時，
　　　　播放聲音「警告」
　　(B) 程小奔收到廣播訊息「警告」時，才執行
　　　　程式
　　(C) 程小奔播放聲音「警告」
　　(D) 角色與程小奔都能夠使用「收到廣播訊息」積木。

實作題

1. 請利用 在 1▼ 秒後辨識人臉年齡 積木，設計 Panda 辨識人臉年齡之後，廣播訊息與程小奔互動。

2. 請利用 在 1▼ 秒後，在影像中識別 影像辨識▼ 積木，設計 Panda 辨識公眾人物，並說出公眾人物的辨識結果。

Chapter 10 人工智慧班級出席人數統計

　　本章將設計人工智慧班級出席人數統計。首先，利用機器深度學習，讓電腦學習班上每位同學的學習證，建立類似人類大腦的人造神經網路。當按下空白鍵時，辨識班上同學的學習證，當辨識結果的可信度大於 0.9 時，確定為本人，程小奔播放哈囉聲音，將出席人數加 1，顯示出席人數，並統計每日的出席人數寫入雲端表格。

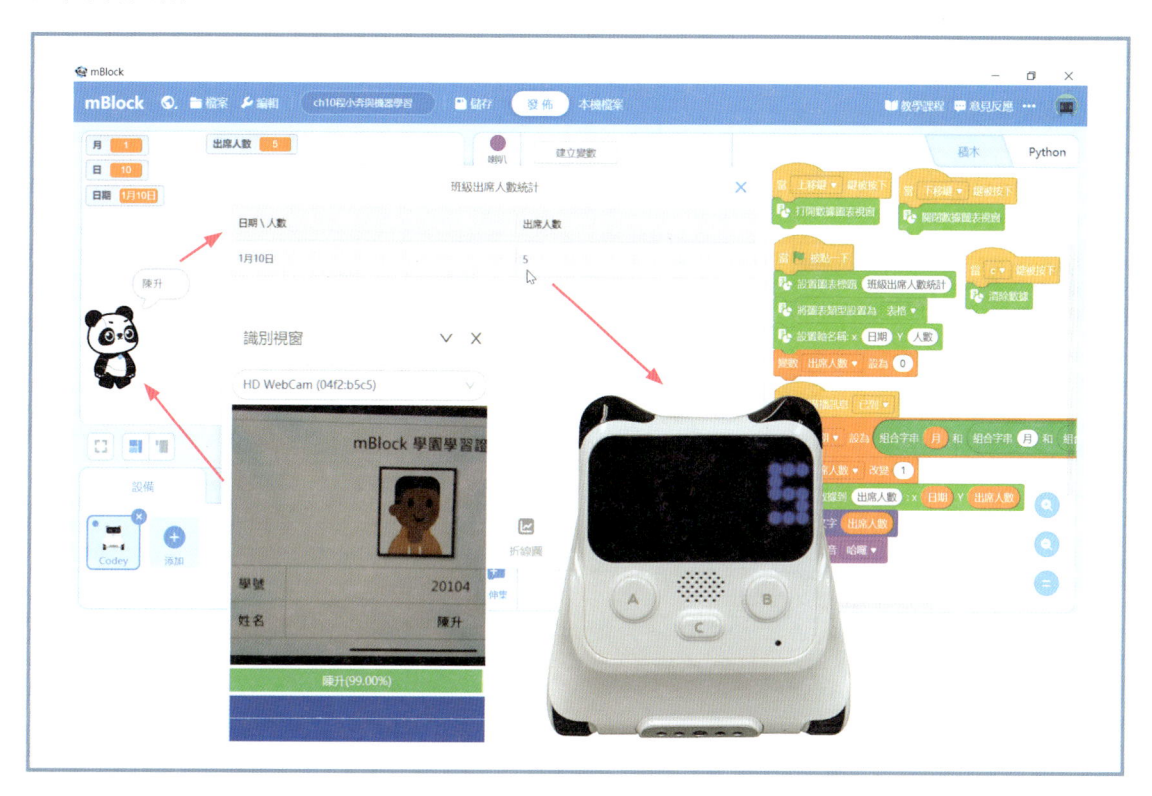

本章學習目標

1. 能夠理解機器深度學習的原理。
2. 能夠建立機器深度學習的模型。
3. 能夠應用機器深度學習，設計人工智慧自動辨識。
4. 能夠讓程小奔展示機器深度學習的結果。
5. 能夠將數據寫入雲端數據表格中。

10-1 機器深度學習

一 機器深度學習

機器深度學習（Machine Learning，ML）就是讓電腦學習，建立類似人類大腦的人造神經網路。例如：訓練電腦辨識人臉年齡、情緒、文字或聲音等。

二 人工智慧與機器深度學習

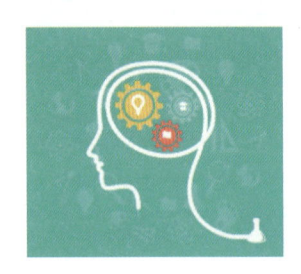

人工智慧（AI）是指設計程式讓電腦具有類似人類的智慧。例如電腦能夠辨識人腦年齡、語音或與人類對話、下棋等。機器深度學習與人工智慧的關係，就好像「學以致用」，教電腦學習屬於「機器深度學習」、讓電腦將學習到的東西用出來就是「人工智慧」。

10-2 人工智慧班級出席人數統計互動規劃

本章將應用機器深度學習與程小奔互動，設計 AI 班級出席人數統計。首先，讓電腦學習班上每位同學的學習證，建立類似人類大腦的人造神經網路。再讓電腦辨識學習證，如果辨識可信度大於 0.9，確認為本人，在簽到人數的表格中將統計人數加 1、程小奔顯示已簽到人數，並說：「哈囉」。

45 mins

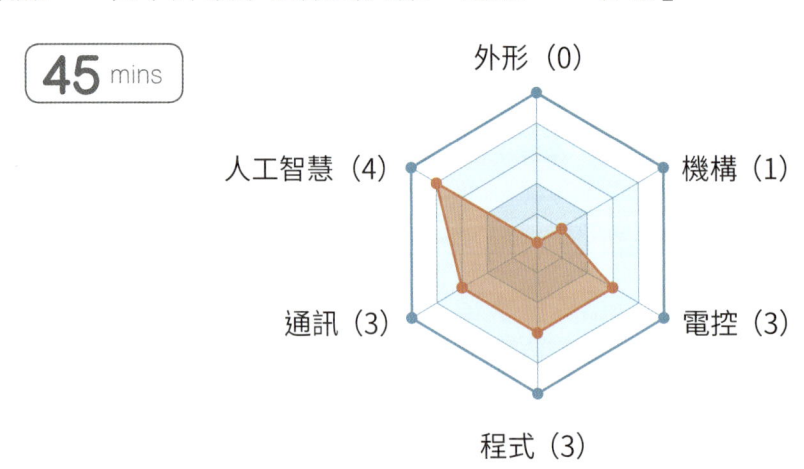

・創客指標・

外形	0
機構	1
電控	3
程式	3
通訊	3
人工智慧	4
創客總數	14

外形（0）、機構（1）、電控（3）、程式（3）、通訊（3）、人工智慧（4）

創客題目編號：A016011

人工智慧班級出席人數統計　Chapter·10

■ 程小奔與機器深度學習的互動方式

人工智慧班級出席人數統計系統中，程小奔與機器深度學習的互動方式為「設備」的「程小奔」與「角色」的「機器深度學習」互相傳遞資訊，達到互動的效果。

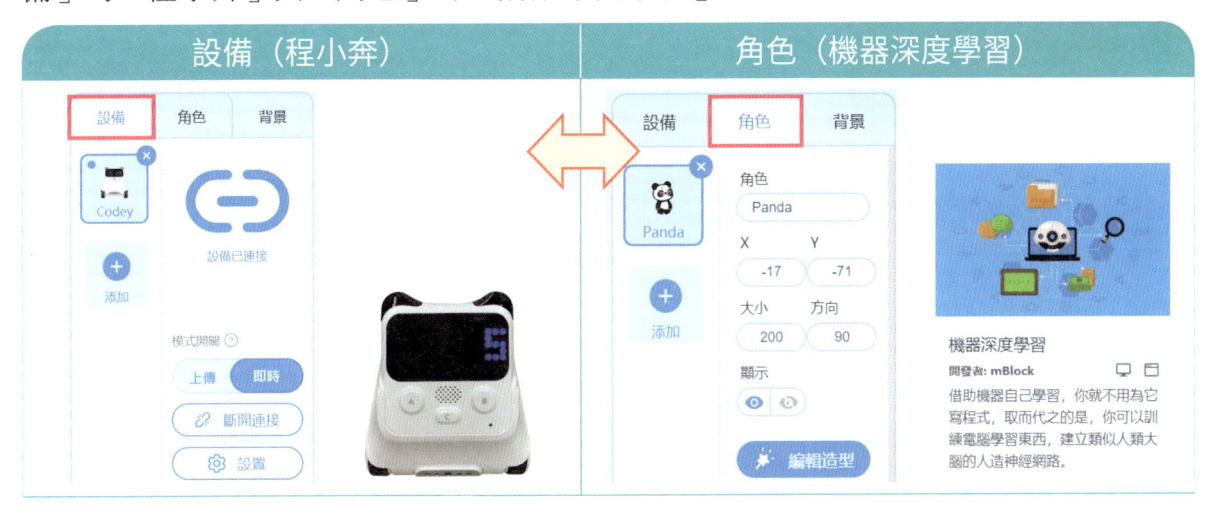

設備（程小奔）	角色（機器深度學習）

■ 機器深度學習流程

機器深度學習包含：訓練模型、檢驗與應用三個流程。

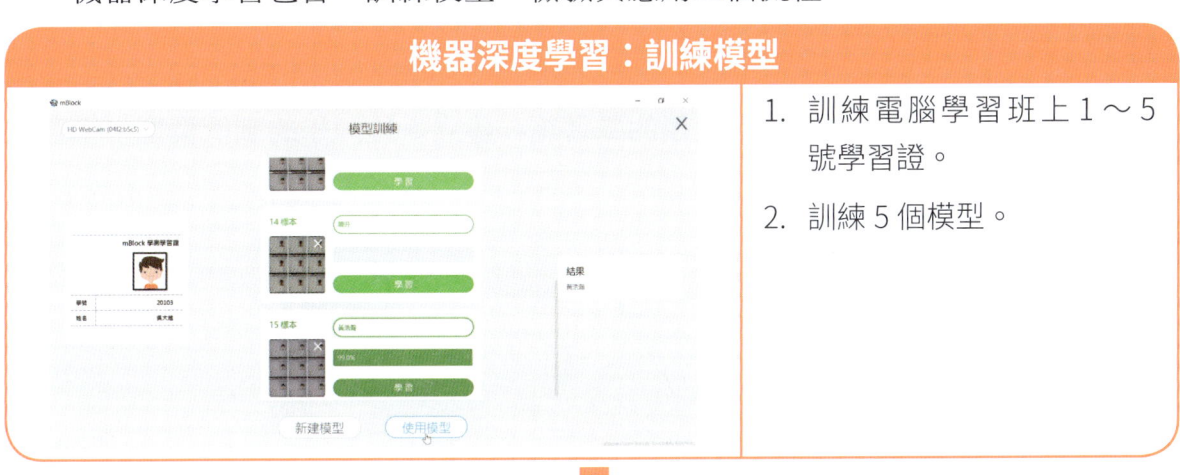

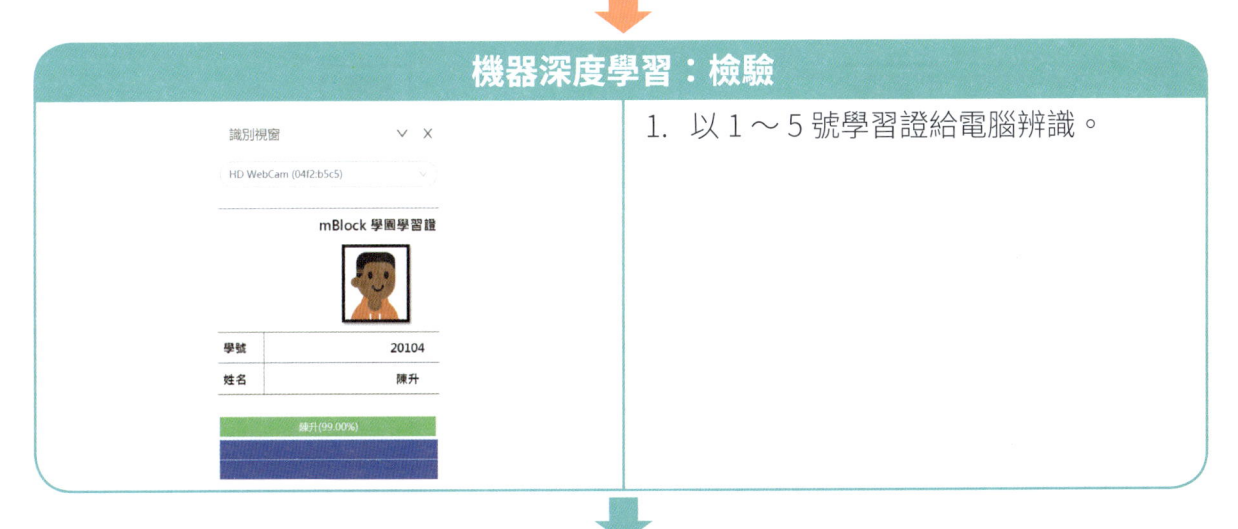

機器深度學習：訓練模型

1. 訓練電腦學習班上 1～5 號學習證。
2. 訓練 5 個模型。

機器深度學習：檢驗

1. 以 1～5 號學習證給電腦辨識。

141

機器深度學習：應用

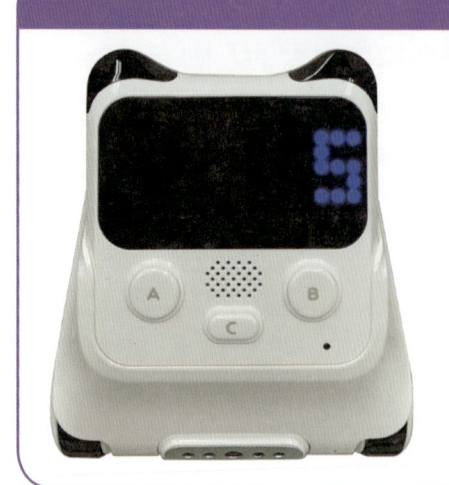

1. 角色辨識：
   如果辨識結果是 1 號王小君
   (1) 語音說出：「王小君的可信度」
   (2) 如果辨識結果的可信度大於 0.9，廣播訊息「已到」給程小奔
2. 程小奔應用：
   (1) 收到「已到」的廣播訊息
   (2) 將統計人數 +1
   (3) 將統計人數寫入雲端表格
   (4) 程小奔顯示統計人數，並說：「哈囉」。

三 AI 班級出席人數統計互動流程

角色訓練模型 → 角色檢驗辨識學習證 → 角色說出辨識結果 → 程小奔應用結果

10-3 訓練模型

訓練機器學習班上 1～5 號同學的學習證，建立 5 位同學的訓練模型。學習證樣式如下圖所示：

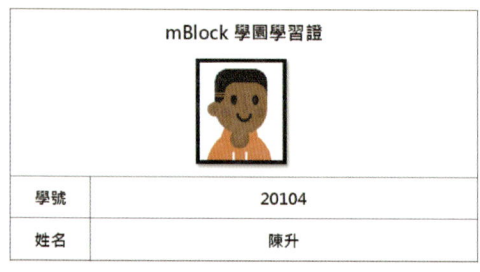

mBlock 學園學習證		mBlock 學園學習證	
學號	20101	學號	20102
姓名	王小君	姓名	張小倩

mBlock 學園學習證		mBlock 學園學習證	
學號	20103	學號	20104
姓名	吳大維	姓名	陳升

mBlock 學園學習證	
學號	20105
姓名	黃浩瀚

人工智慧班級出席人數統計　Chapter・10

Step.01 點選「角色」，點擊 延伸集 ，在附加元件中心，點選「機器深度學習」按【+添加】。

Step.02 點選 機器深度學習 ，按【新建模型】，輸入【5】，再按【確認】。

開啟視訊攝影機

143

用主題範例學運算思維與程式設計

Step.03 在模型訓練的「分類 1」～「分類 5」分別輸入 5 位同學的姓名【王小君】、【張小倩】、【吳大維】、【陳升】與【黃浩瀚】。

開啟視訊攝影機

Step.04 開啟視訊攝影機，將 1 號王小君學習證放在視訊攝影機鏡頭前，長按【學習】，直到「樣本」照片超過 10 張，再放開「學習」按鈕，訓練電腦辨識王小君的學習證。

1. 王小君學習證放視訊鏡頭前。

2. 按住學習不放，直到樣本數超過 10，再放開。

3. 顯示結果王小君。

144

Step.05 重複相同動作，將【張小倩】、【吳大維】、【陳升】與【黃浩瀚】分別放在視訊攝影機鏡頭前，長按【學習】，直到「樣本」照片超過 10 張，再放開「學習」按鈕，分別建立【張小倩】、【吳大維】、【陳升】與【黃浩瀚】四位同學的學習證。

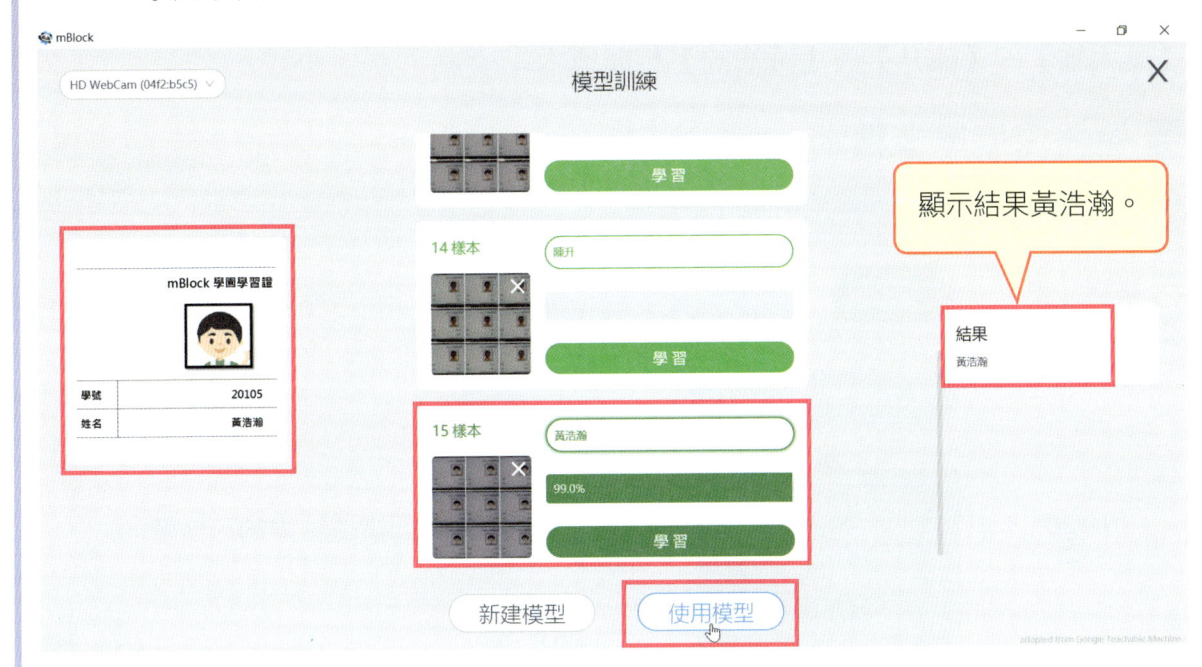

Step.06 點選【使用模型】，自動產生機器深度學習積木。

〈操作提示〉建立機器深度學習前，請預先設定 (1) 視訊攝影機與 (2) 電腦網路連線。

腦力激盪　請利用 機器深度學習 設計讓電腦學習生活中常用的主題。

10-4 檢驗機器深度學習

訓練模型建立成功之後，自動產生機器深度學習【王小君】、【張小倩】、【吳大維】、【陳升】與【黃浩瀚】相關積木。

一 機器深度學習積木

功　能	積　　木	說　明
辨識結果	辨識結果	傳回辨識結果。
可信度	王小君▼ 的可信度 ✓王小君 張小倩 吳大維 陳升 黃浩瀚	傳回辨識結果的可信度。
判斷辨識結果	辨識結果是 王小君▼ ? ✓王小君 張小倩 吳大維 陳升 黃浩瀚	判斷辨識結果是否為王小君、張小倩、吳大維等 5 位同學。 傳回值為：true（真）、fasle（假）。

二 檢驗機器深度學習

以王小君、張小倩、吳大維、陳升與黃浩瀚，班上 5 位同學的學習證給角色辨識，說出可信度與辨識結果的文字與語音。

人工智慧班級出席人數統計 Chapter·10

Step.01 按 事件、控制、外觀 與 機器深度學習，拖曳下圖積木，當按下空白鍵，先說出辨識結果的文字。再判斷識結果是否為王小君。

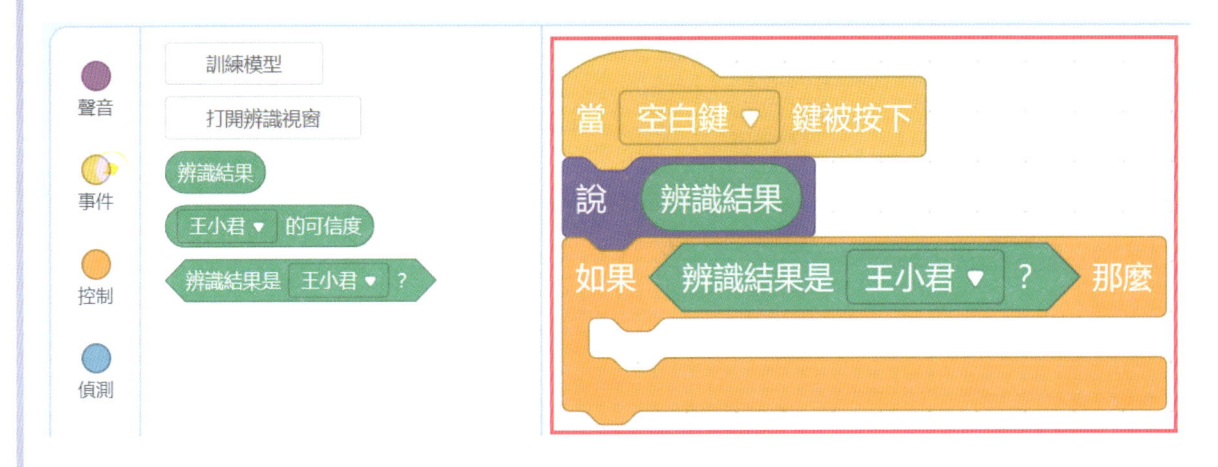

Step.02 點擊 延伸集，點選【文字轉語音】，將中文字轉成語音。

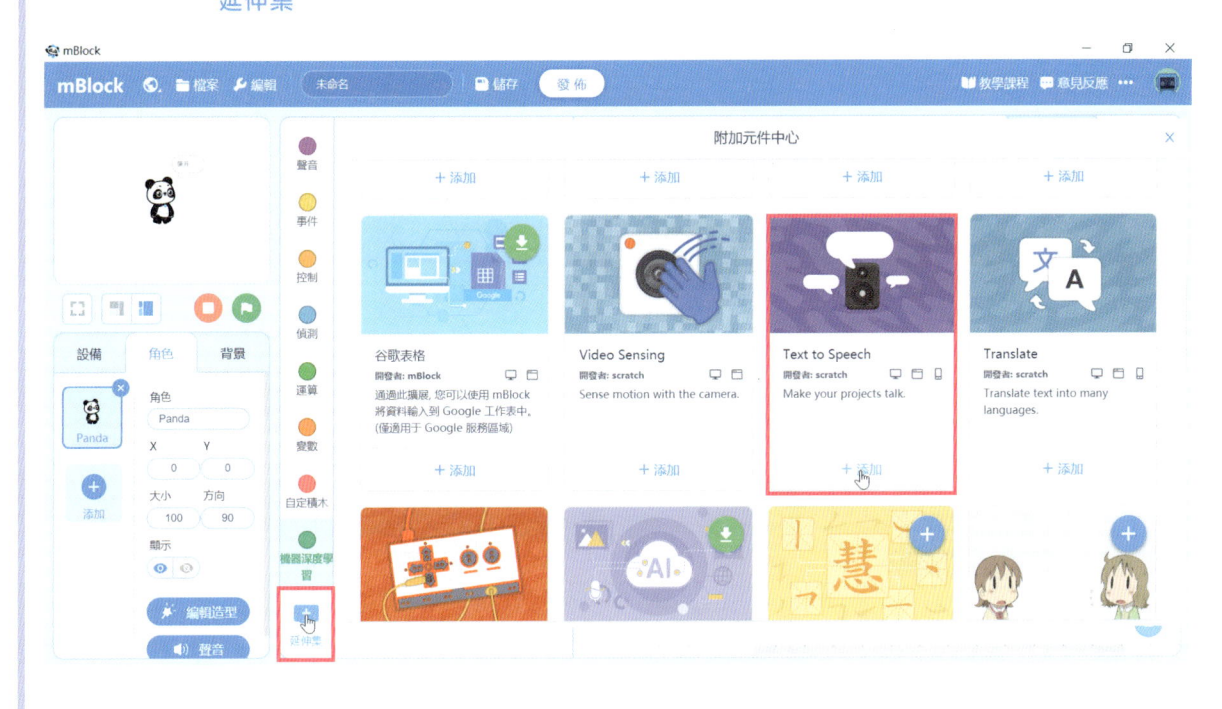

147

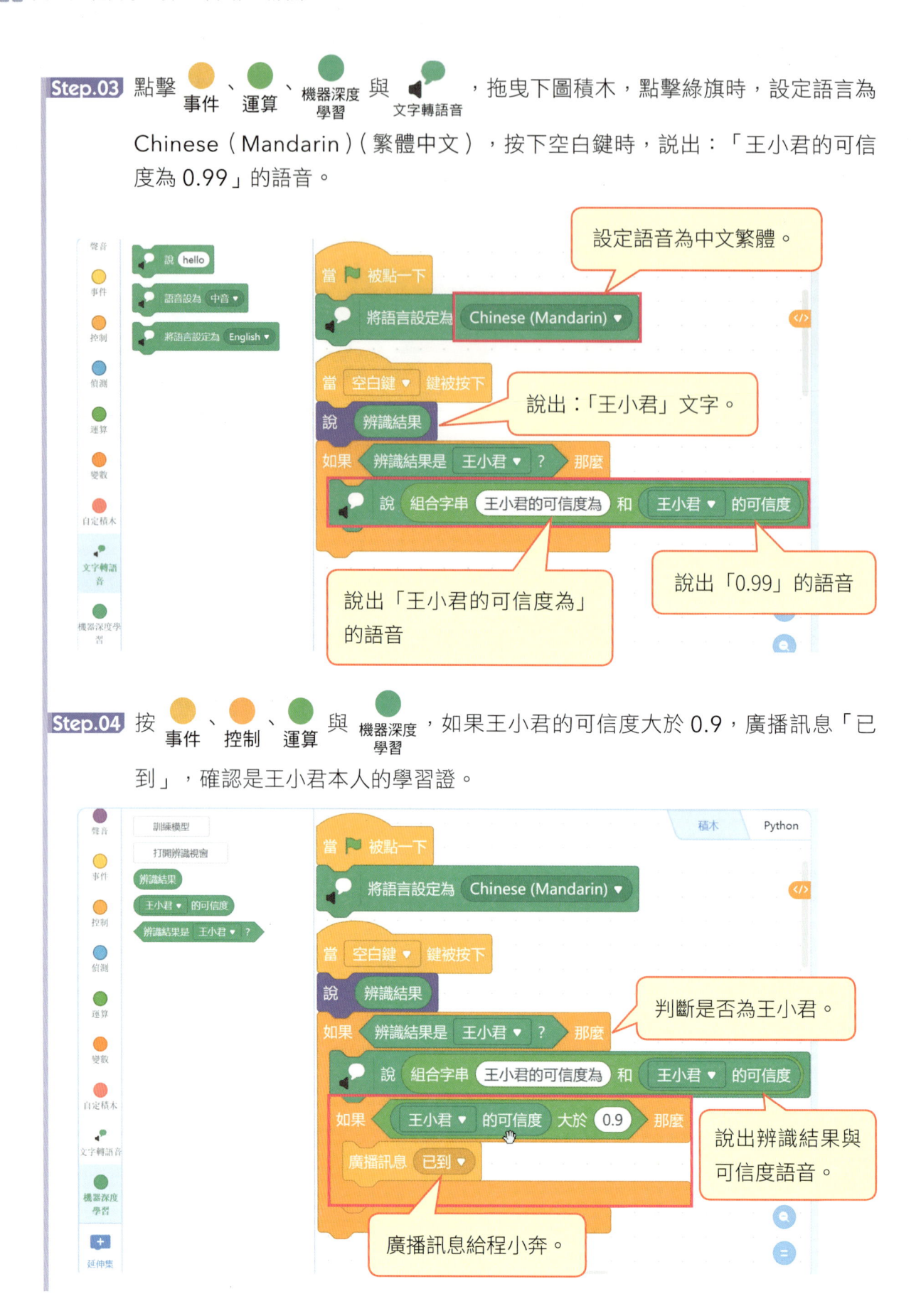

用主題範例學運算思維與程式設計

Step.03 點擊 事件、運算、機器深度學習 與 文字轉語音，拖曳下圖積木，點擊綠旗時，設定語言為 Chinese（Mandarin）（繁體中文），按下空白鍵時，説出：「王小君的可信度為 0.99」的語音。

- 設定語音為中文繁體。
- 説出：「王小君」文字。
- 説出「王小君的可信度為」的語音
- 説出「0.99」的語音

Step.04 按 事件、控制、運算 與 機器深度學習，如果王小君的可信度大於 0.9，廣播訊息「已到」，確認是王小君本人的學習證。

- 判斷是否為王小君。
- 説出辨識結果與可信度語音。
- 廣播訊息給程小奔。

148

Step.05 點擊 🏁，再按下空白鍵，以王小君學習證，放在視訊攝影機前，檢查角色是否說出：「王小君」、電腦喇叭播放「王小君的可信度為 0.99」的語音。

Step.06 重複上述步驟，拖曳下圖積木，辨識張小倩、吳大維、陳升與黃浩瀚。

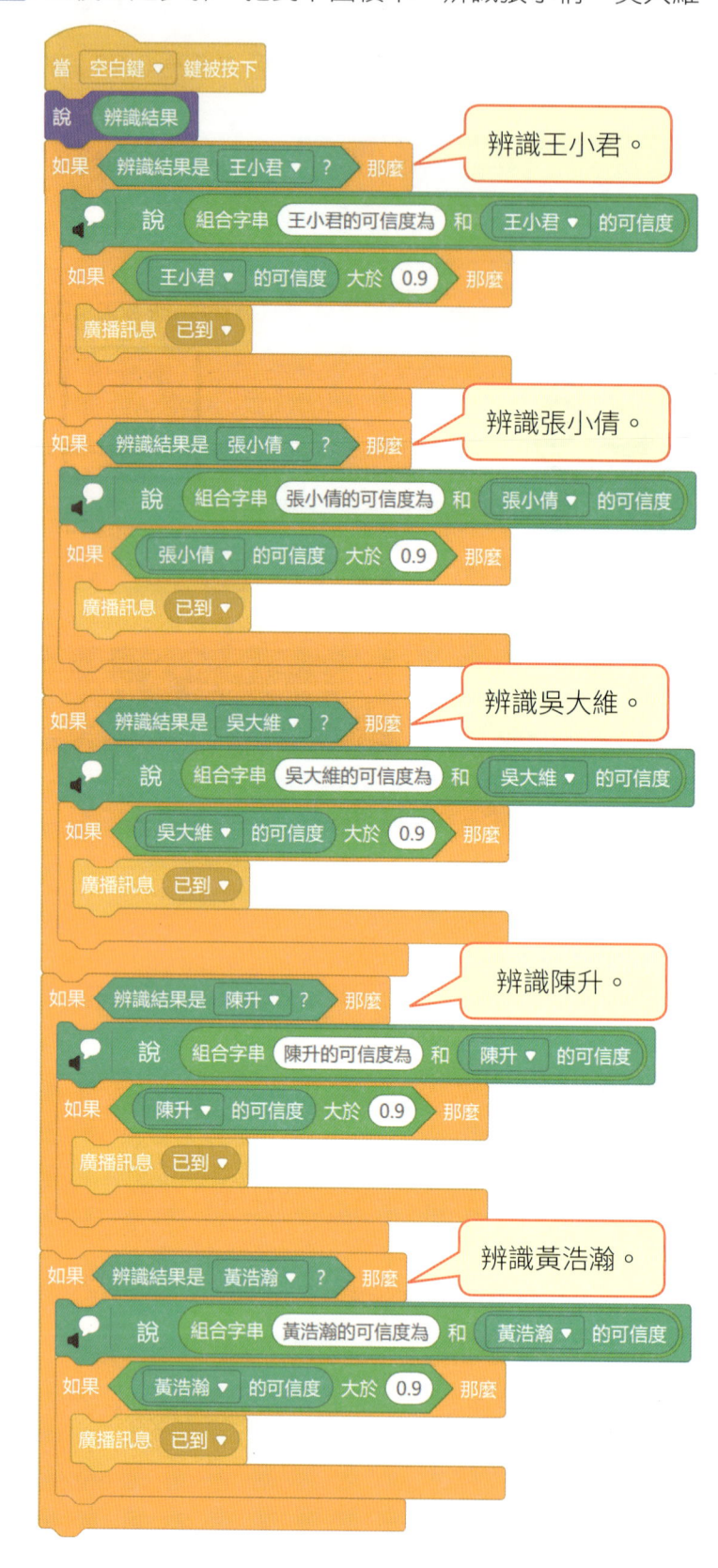

辨識王小君。

辨識張小倩。

辨識吳大維。

辨識陳升。

辨識黃浩瀚。

10-5 雲端數據圖表

在設備「程小奔」的延申集中,「數據圖表」能夠將資料寫入雲端表格、畫出折線圖或將資料下載成試算表格式。相關積木功能如下:

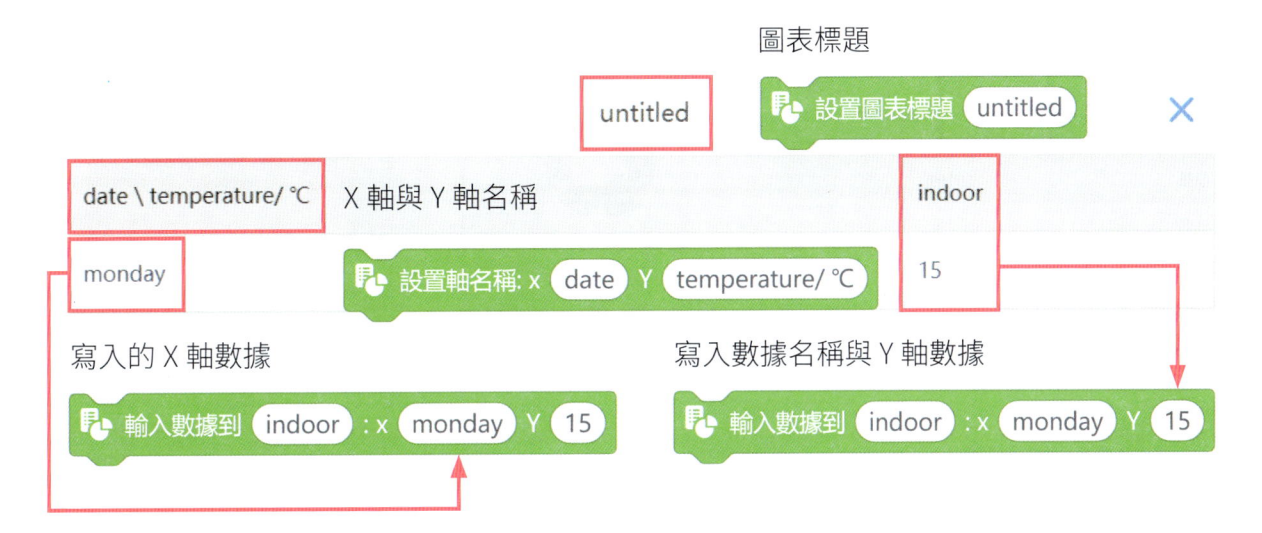

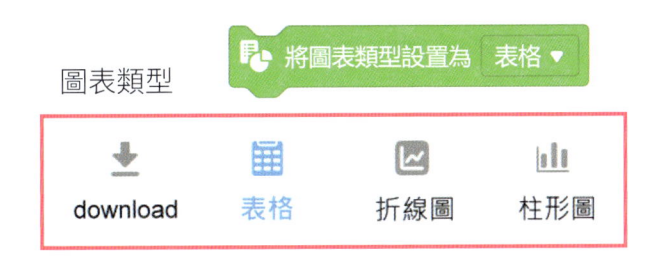

10-6 程小奔統計人數

當程小奔收到「已到」廣播，在「班級出席人數統計」的表格中將「已到人數」加 1、程小奔顯示已到人數，並說：「哈囉」。

1. 辨識學習證
2. 說辨識結果
   顯示統計人數，說哈囉

Step.01 將 Micro USB 連接小程與 USB 連接電腦，開啟程小奔電源。

Step.02 開啟 mBlock5，在「設備」按 連接 ，並設定為 上傳 即時 【即時】，即時連線。

人工智慧班級出席人數統計 Chapter·10

Step.03 點選「設備」，點擊 ![延伸集]，在附加元件中心，點選【數據圖表】，按【+添加】。

Step.04 按 ![事件] 與 ![數據圖表]，拖曳下圖積木，(1) 當按下鍵盤↑，打開數據圖表視窗；(2) 按下↓，關閉視訊圖表視窗；(3) 按下 C，清除數據；(4) 點擊綠旗將圖表標題設為【出席人數】、將圖表類型設為【表格】、表格 X 為【日期】，Y 為【人數】。

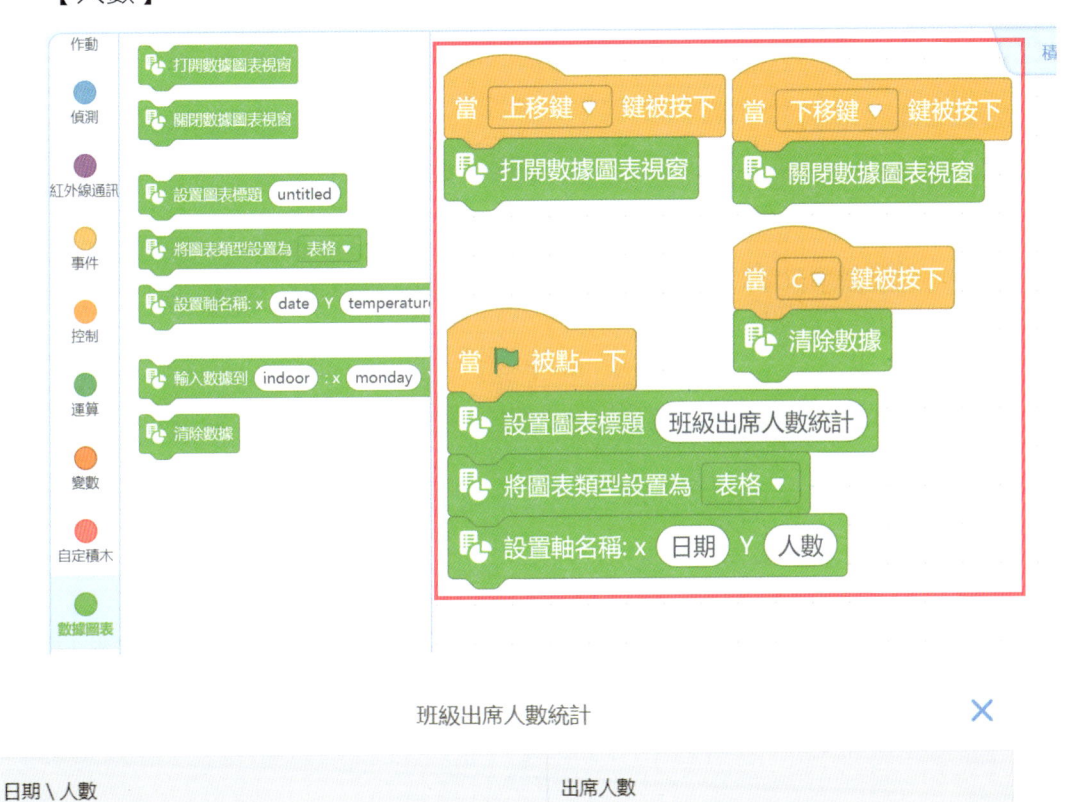

153

用主題範例學運算思維與程式設計

Step.05 點擊 變數，輸入【出席人數】，拖曳 變數 出席人數 設為 0 到綠旗下方。

Step.06 按 事件、外觀 與 喇叭，拖曳下圖積木，當程小奔收到廣播訊息「已到」時，(1) 將出席人數 +1；(2) 將出席人數寫入班級人數統計表格中；(3) 表情面板顯示出席人數，並播放聲音哈囉。

Step.07 點擊 ▶，將 1～5 號學習證放視訊攝影機前，按下空白鍵，檢查辨識結果大於 0.9 時，出席人數是否加 1。

班級出席人數統計

日期 \ 人數	出席人數
monday	5

〈操作提示〉使用數據圖表，首先登入使用者帳戶，並且設定為「即時」模式。

10-7 偵測電腦日期

偵測電腦的日期，每天顯示出席人數。

一 角色偵測電腦日期

設定變數「月」與「日」，偵測電腦的日期，傳回「月」與「日」的變數值給設備的數據圖表。

Step.01 點擊【角色】，按 **變數**，建立變數，輸入【月】、【適用所有角色】，再按【確認】。

Step.02 重複步驟1，建立變數「日」。

Step.03 拖曳2個 `變數 日▼ 設為 0` ，分別點選【月】與【日】。

Step.04 按 **偵測**，拖曳下圖積木，每按下空白鍵辨識學習證前，先設定日期。

用主題範例學運算思維與程式設計

設備顯示電腦日期

程小奔顯示出席人數前，將電腦的日期寫入數據表格中。

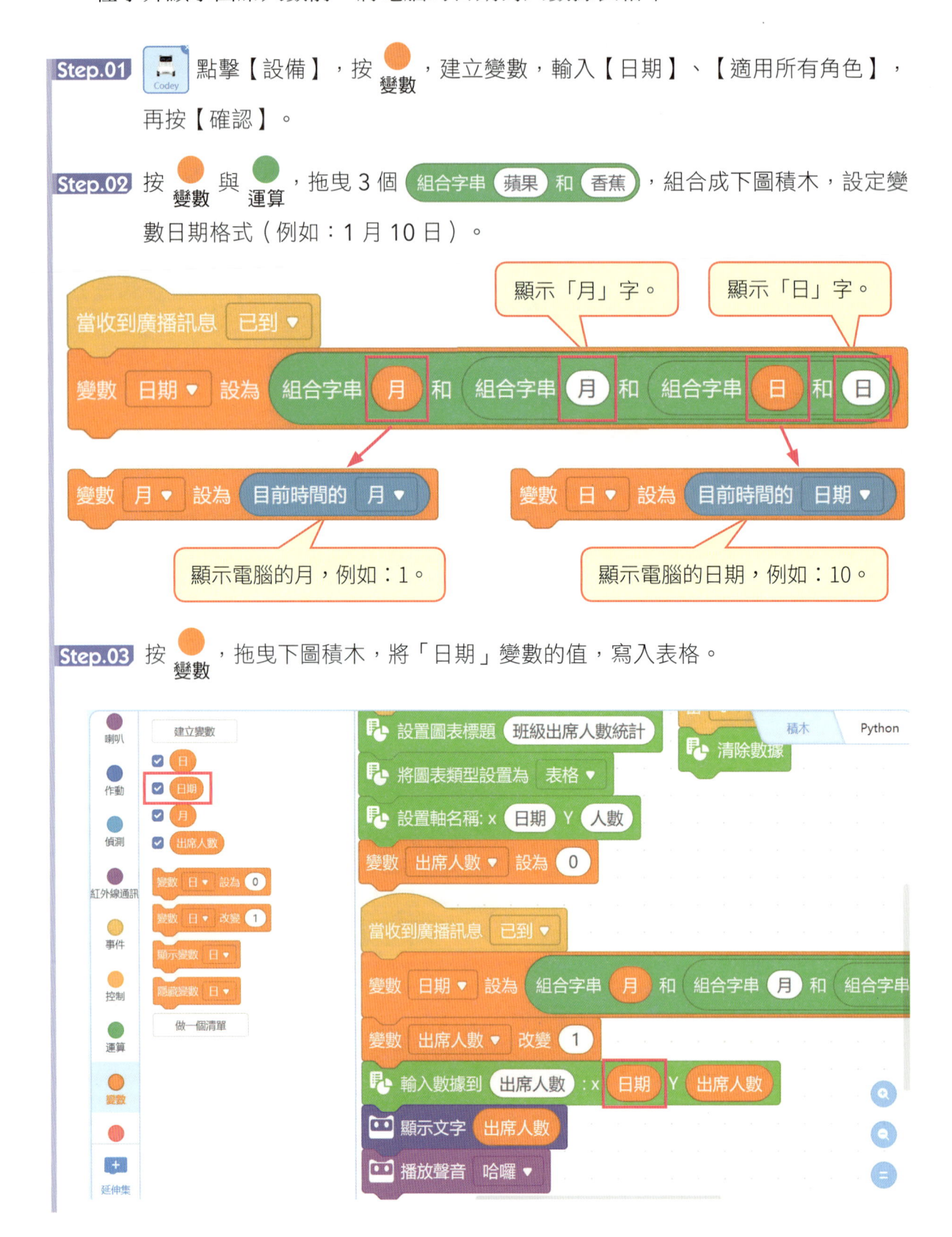

Step.01 點擊【設備】，按 變數，建立變數，輸入【日期】、【適用所有角色】，再按【確認】。

Step.02 按 變數 與 運算，拖曳 3 個 組合字串 蘋果 和 香蕉，組合成下圖積木，設定變數日期格式（例如：1月10日）。

顯示「月」字。
顯示「日」字。

當收到廣播訊息 已到
變數 日期 設為 組合字串 月 和 組合字串 月 和 組合字串 日 和 日

變數 月 設為 目前時間的 月
變數 日 設為 目前時間的 日期

顯示電腦的月，例如：1。
顯示電腦的日期，例如：10。

Step.03 按 變數，拖曳下圖積木，將「日期」變數的值，寫入表格。

Step.04 點擊 🏁、按下鍵盤↑，顯示數據表格，再將 1～5 號學習證放視訊攝影機前，按下空白鍵，辨識 1～5 號同學的學習證，檢查表格日期與出席人數顯示是否正確，同時，程小奔同步顯示出席人數。

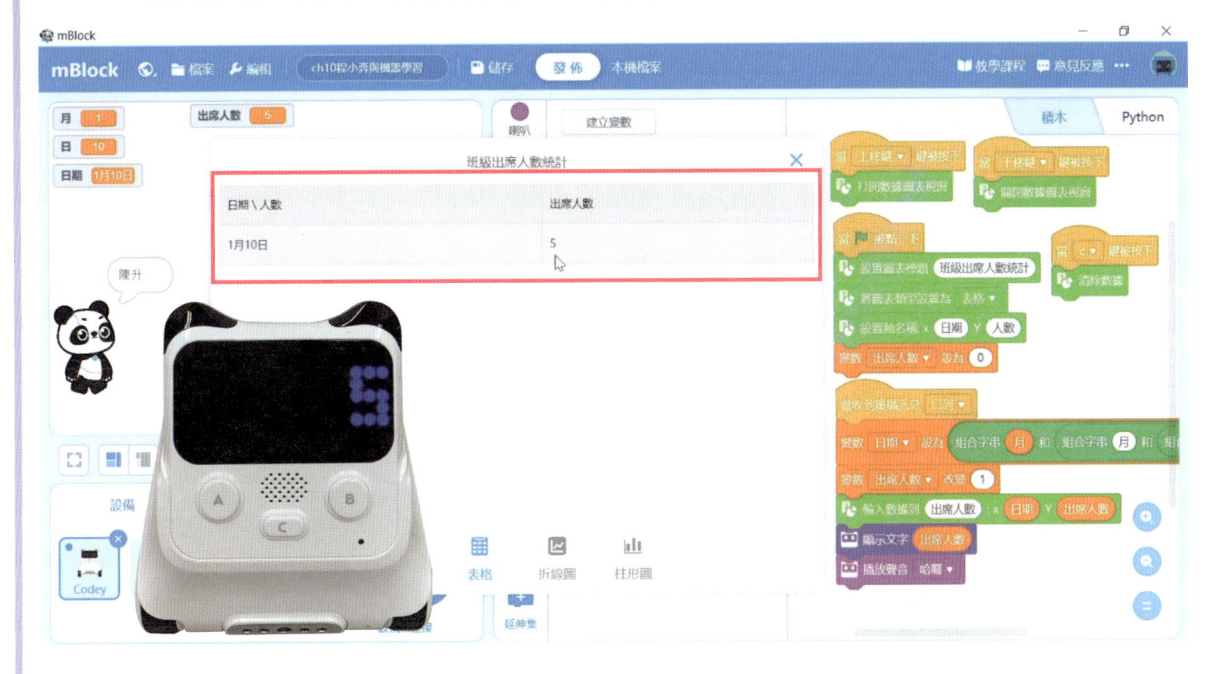

實力評量

單選題

( ) 1. 如果想要讓電腦學習，建立類似人類大腦的人造神經網路，屬於下列哪一種功能？
(A) 人工智慧　　(B) 機器深度學習　　(C) 物聯網　　(D) 使用者雲訊息。

( ) 2. 如果想要設計程式，讓電腦具有類似人類的智慧，例如能夠辨識文字或語音，屬於下列哪一種功能？
(A) 廣播訊息　　(B) 物聯網　　(C) 機器深度學習　　(D) 人工智慧。

( ) 3. 下列何者不屬於機器深度學習的流程？
(A) 應用　　(B) 訓練模型　　(C) 數據表格　　(D) 檢驗。

( ) 4. 下列關於機器深度學習的敘述，何者「錯誤」？

(A) [辨識結果] 判斷辨識結果

(B) [辨識結果是 王小君 ?] 判斷辨識結果是否為王小君

(C) [王小君 的可信度] 傳回判斷結果是王小君的可信度

(D) [辨識結果] 傳回辨識結果。

( ) 5. 假設辨識結果為王小君、可信度為 0.99，關於下圖程式的敘述，何者「錯誤」？

(A) 說：「王小君的可信度為 0.99」
(B) 按下空白鍵開始辨識
(C) 說：「王小君」
(D) 語音說出：「王小君的可信度為 0.99」。

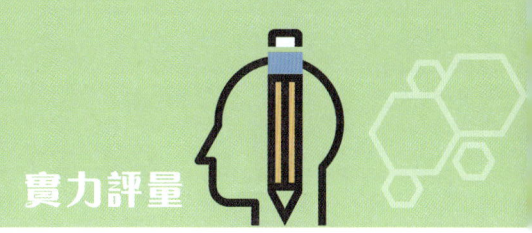

(　　) 6. 下圖程式的功能為何？

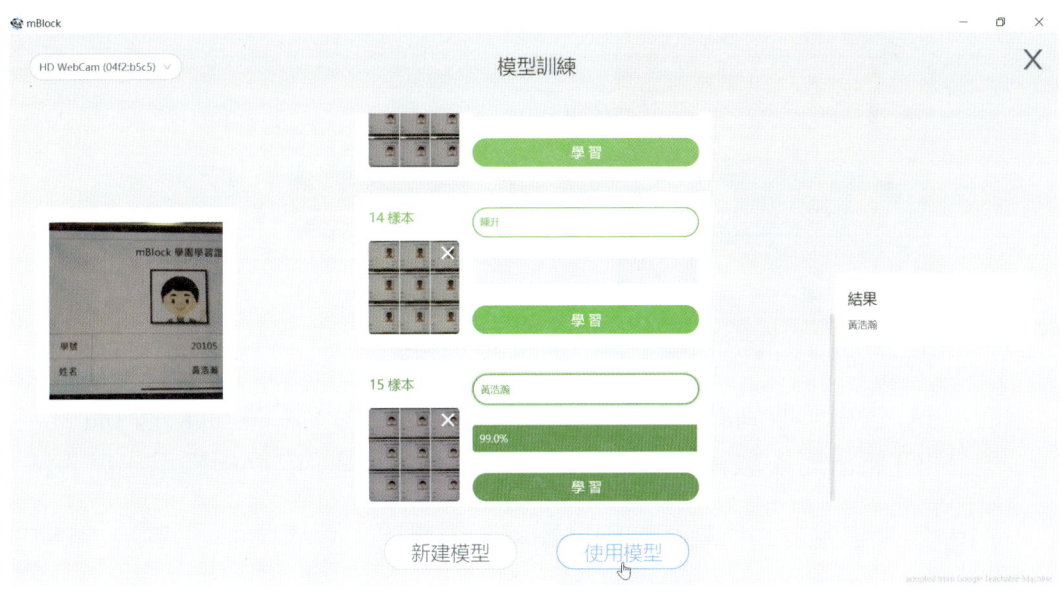

(A) 應用模型　　　　　　　　(B) 檢驗模型
(C) 判斷建立的模型　　　　　(D) 建立訓練模型。

(　　) 7. 下列何者不屬於數據圖表的類型？
(A) 表格　　　　　　　　　　(B) 折線圖
(C) 文字檔案　　　　　　　　(D) 柱形圖。

(　　) 8. 下列何者能夠設定圖表的類型？

(A) 輸入數據到 indoor : x monday Y 15

(B) 將圖表類型設置為 表格▼

(C) 設置圖表標題 untitled

(D) 輸入數據到 indoor : x monday Y 15 。

實力評量

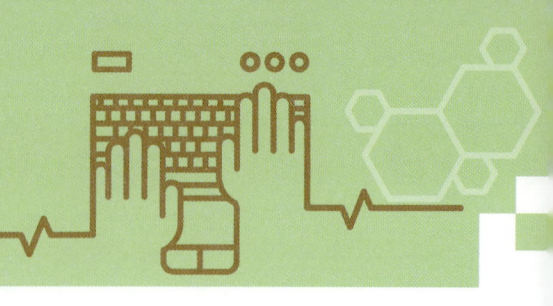

( ) 9. 關於下圖程式的敘述，何者「錯誤」？

```
當收到廣播訊息 已到▼
變數 出席人數▼ 改變 1
輸入數據到 出席人數 ：x 日期 Y 出席人數
顯示文字 出席人數
播放聲音 哈囉▼
```

(A) 程小奔收到廣播訊息開始執行　　(B) Panda 將出席人數加 1
(C) 將出席人數寫到數據表格中　　　(D) 程小奔面板顯示出席人數。

( ) 10. 如果想要傳回目前電腦的日期或時間資訊，應該使用下列哪一個積木？

(A) 組合字串 蘋果 和 香蕉　　(B) 數據圖表
(C) 目前時間的 年▼　　　　　(D) 計時器。

實作題

1. 請利用 變數，「做一個清單」，清單名稱為「出席者」。當辨識結果的可信度大於 0.9 將辨識結果的姓名寫入出席者清單。

2. 請將圖表類型改為「折線圖」，畫出每天出席人數的折線圖。

Chapter 11 程小奔與 Panda 英打遊戲

本章將利用六軸陀螺儀，設計程小奔與 Panda 連線互動遊戲。當小程左右傾斜時，角色 Panda 跟著左右移動、角色蘋果重複由上往下掉落，同時變換 26 種 A～Z 字母的造型，當 Panda 碰到蘋果時得 1 分，如果正確輸入每個造型的英文字母得 10 分。

本章學習目標

1. 能夠應用陀螺儀偵測小程傾斜狀態。
2. 能夠理解小程左右與前後傾斜的狀態。
3. 能夠應用小程的陀螺儀控制角色移動。
4. 能夠設計角色移動的方式。
5. 能夠應用變數設計互動遊戲分數。

11-1 六軸陀螺儀：小程左搖右晃

小程內建六軸陀螺儀，負責偵測小程上下、左右與前後搖晃的角度。mBlock 5 設備 的 事件 與 偵測 積木中，與陀螺儀相關的積木如下：

陀螺儀	積　　木	功　　能
搖晃啟動	當Codey搖晃	當搖晃小程時，開始依序執行下方每一行積木。
	當 Codey 向左傾斜▼ 傾斜 ✓ 向左傾斜 　向右傾斜 　耳朵朝上 　耳朵朝下	當小程向左、向右、往前或往後傾斜時，開始依序執行下方每一行積木。 註：往前：耳朵朝下； 　　往後：而朵朝上。
判斷搖晃	小程搖晃?	邏輯判斷小程是否搖晃。 邏輯判斷結果： 1. true：搖晃小程； 2. false：未搖晃小程。
	Codey偏向 向左傾斜▼ 傾斜? ✓ 向左傾斜 　向右傾斜 　耳朵朝上 　耳朵朝下	邏輯判斷小程是否向左、向右、往前或往後傾斜。 邏輯判斷結果： 1. true：小程傾斜； 2. false：小程未傾斜。

	Codey姿態為 正面朝上 ？ ✓ 正面朝上 　 正面朝下 　 站立在桌面	邏輯判斷小程是否正面朝上（或正面朝下、直立）。 邏輯判斷結果： 1. true：正面朝上； 2. false：未正面朝上。
傾斜或俯仰	翻滾角度° 俯仰角度°	傳回小程角度值。 1. 翻滾角（roll）：向左或向右傾斜； 2. 俯仰角（pitch）：向前或向後傾斜。
角度值	繞x軸旋轉的角度 繞y軸旋轉的角度 繞z軸旋轉的角度	傳回小程 x，y，z 旋轉角度值。 1. x：左右傾斜旋轉度值； 2. y：前後搖晃的旋轉角度值； 3. z：上下搖晃的旋轉角度值。
重置	重置 所有軸向 ▼ 的旋轉角度° 　 x軸 　 y軸 　 z軸 ✓ 所有軸向	重置陀螺儀。
搖晃強度	搖晃強度	傳回小程的搖晃強度。

用主題範例學運算思維與程式設計

小試身手 ❶ 校準陀螺儀

陀螺儀使用前，建議先校準。校準操作如下：

1. 點選【設置 > 校正陀螺儀】，將程小奔放在平坦的地方，再按【校正】。

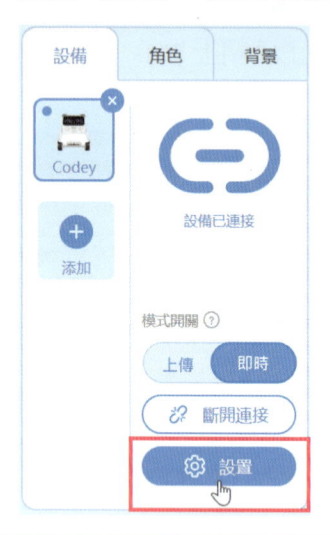

小試身手 ❷ 程小奔連線顯示翻滾角度（範例：ch11-1）

請設計小程 LED 面板顯示向左與向右傾斜的翻滾角度，按下按鈕 A 時停止。

1. 在「設備」按 連接，並設定為 即時【即時】，即時連線。

2. 點選 事件、控制、外觀 與 偵測，勾選翻滾角度，拖曳下圖積木，顯示翻滾角度。

164

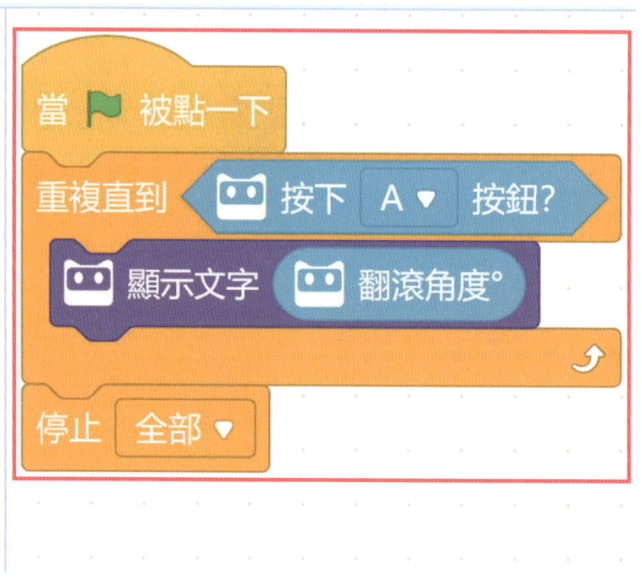

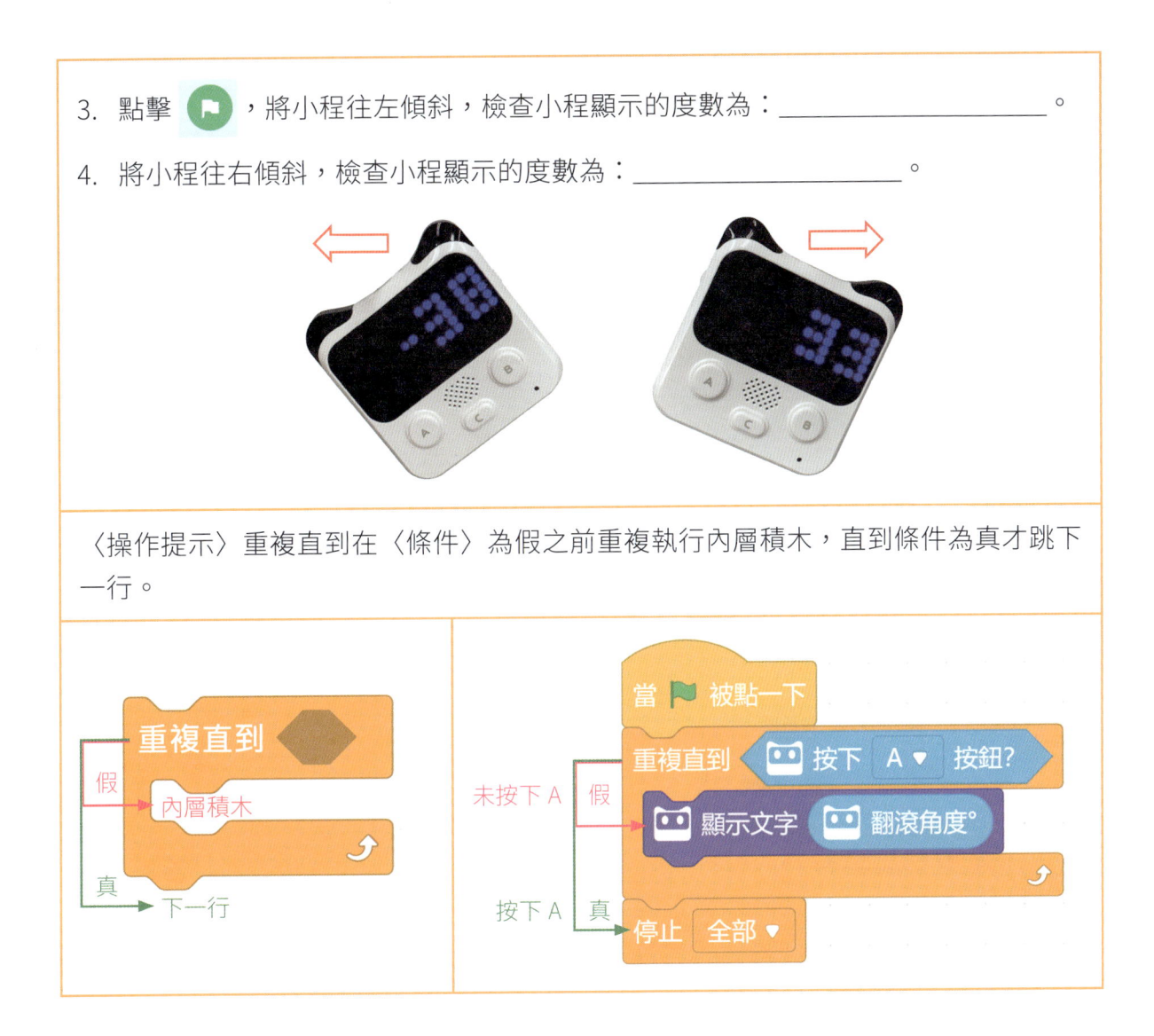

3. 點擊 🚩，將小程往左傾斜，檢查小程顯示的度數為：＿＿＿＿＿＿＿＿＿＿＿。

4. 將小程往右傾斜，檢查小程顯示的度數為：＿＿＿＿＿＿＿＿＿＿＿。

〈操作提示〉重複直到在〈條件〉為假之前重複執行內層積木，直到條件為真才跳下一行。

用主題範例學運算思維與程式設計

小試身手 ❸ 程小奔左搖右晃（範例：ch11-2）

請設計按下小程按鈕 A，小程 LED 面板顯示翻滾角度、按下按鈕 B，小程 LED 面板顯示向左或向右箭頭。

1. 在「設備」按 🔗 連接 ，並設定為 【上傳】，離線執行程式。

2. 點選 ●事件、●控制 與 ●偵測，勾選翻滾角度，拖曳下圖積木，在按下小程按鈕 A 或 B 之前重複執行程式。

```
當Codey啟動時
不停重複
    重複直到 按下 B 按鈕?
        顯示翻滾角度    ← 按下 B
    重複直到 按下 A 按鈕?
        顯示箭頭    ← 按下 A
```

3. 按 ●外觀 ，拖曳下圖積木，當按下按鈕 A，小程 LED 面板顯示翻滾角度。

```
當Codey啟動時
不停重複
    重複直到 按下 B 按鈕?
        顯示文字 翻滾角度°
    重複直到 按下 A 按鈕?
```

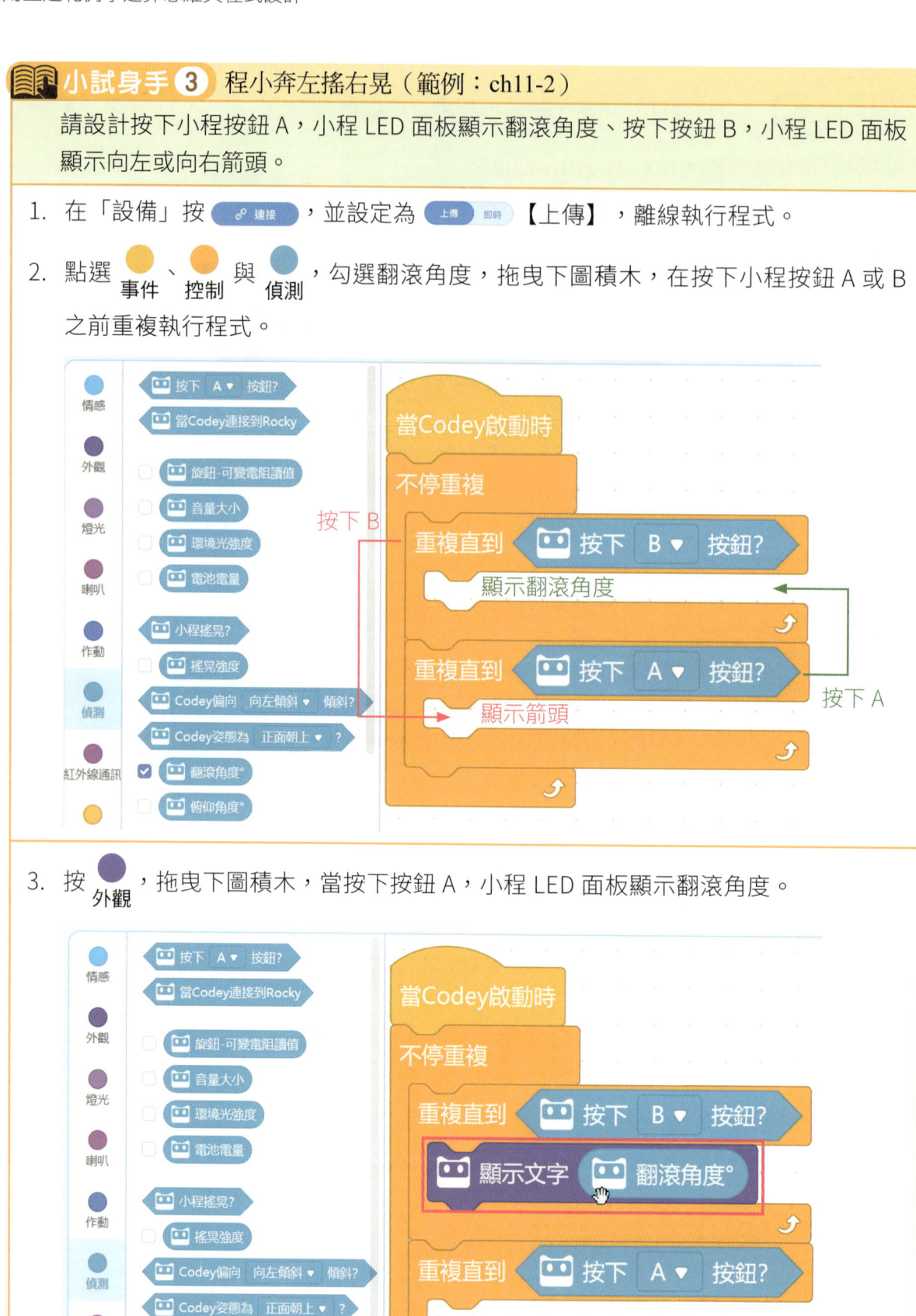

166

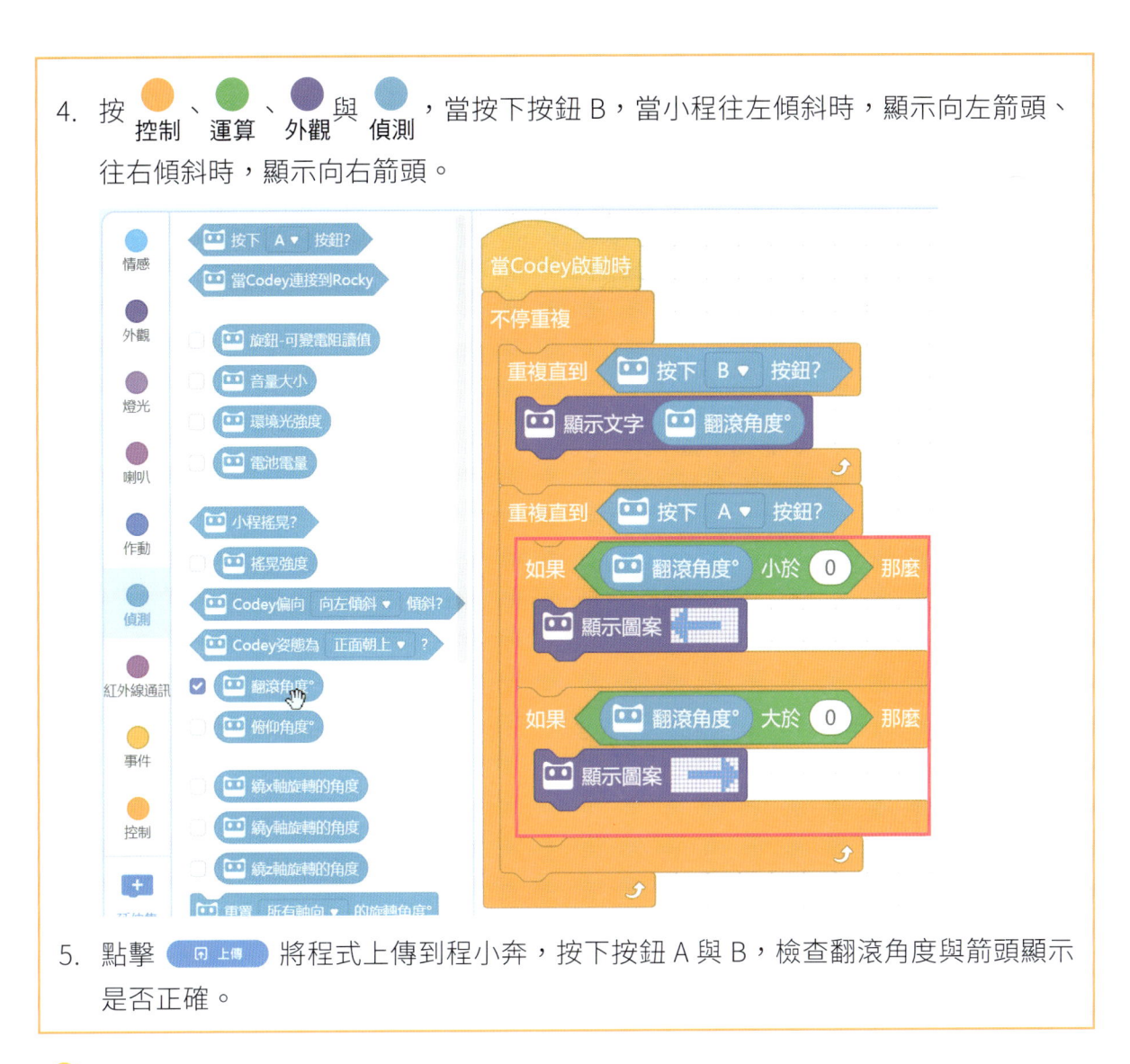

4. 按 ●控制、●運算、●外觀 與 ●偵測，當按下按鈕 B，當小程往左傾斜時，顯示向左箭頭、往右傾斜時，顯示向右箭頭。

5. 點擊 上傳 將程式上傳到程小奔，按下按鈕 A 與 B，檢查翻滾角度與箭頭顯示是否正確。

腦力激盪 請設計程小奔前俯後仰，當按下按鈕 A 小程往後（耳朵向上）與往前（耳朵向下）時，顯示「俯仰角（pitch）」的角度；當按下按鈕 B，顯示往上與往下箭頭。

小試身手 ❹　程小奔計步器（範例：ch11-3）

> 利用陀螺儀偵測小程搖晃強度，每搖晃一次，計步器數值加 1。當按下小程按鈕 A，計步器重置為 0、當按下小程按鈕 B，搖晃小程，開始計步。

1. 將 Micro USB 連接小程與 USB 連接電腦，開啟程小奔電源。

2. 開啟 mBlock5，在「設備」按【連接】，並設定為【上傳】。

3. 點選【變數】，建立變數，輸入【數值】，再按【確認】。

4. 【事件】、【變數】與【外觀】，拖曳下圖積木，按下小程按鈕 A，數值設定為 0，同時小程 LED 顯示數值 0。

5. 【事件】、【變數】與【外觀】，拖曳下圖積木，按下小程按鈕 B，搖晃小程強度大於 15 時，計步數值加 1，小程 LED 面板顯示數值。

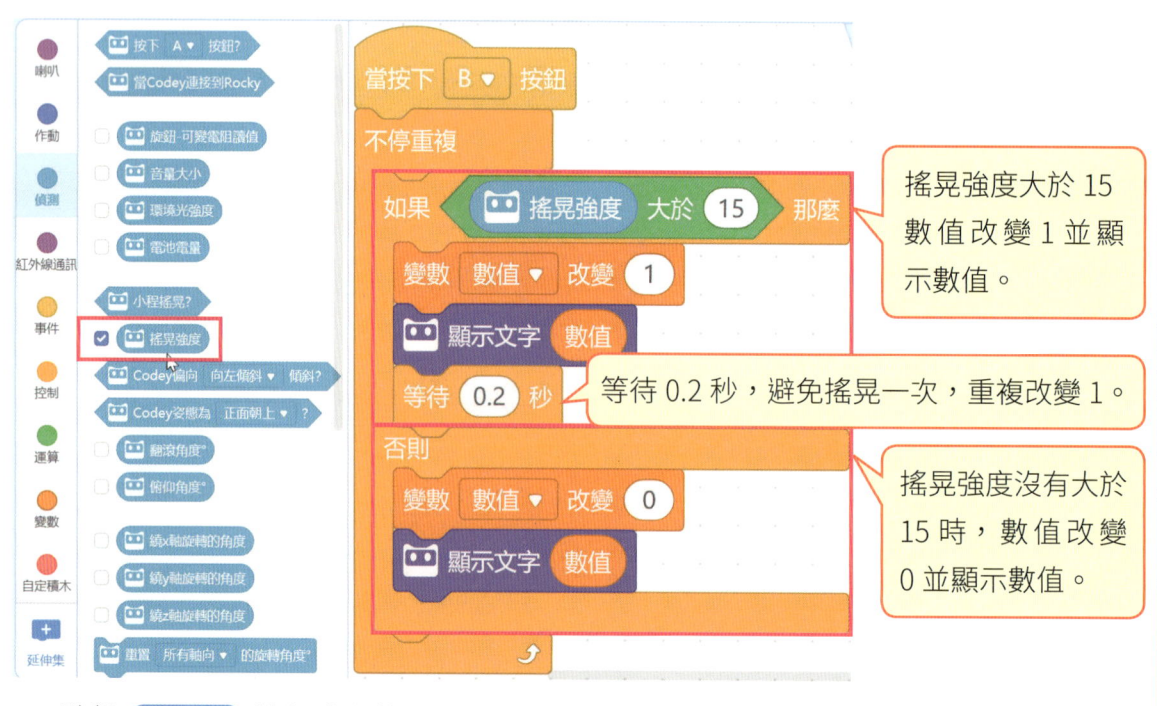

    - 搖晃強度大於 15 數值改變 1 並顯示數值。
    - 等待 0.2 秒，避免搖晃一次，重複改變 1。
    - 搖晃強度沒有大於 15 時，數值改變 0 並顯示數值。

6. 點擊【上傳】將程式上傳到程小奔，搖晃小程，檢查小程的計步結果。

11-2 程小奔與 Panda 互動連線遊戲腳本規劃

當小程左右傾斜時，角色 Panda 跟著左右移動、角色蘋果不停重複由上往下掉落，同時變換 26 種 A～Z 字母的造型，當 Panda 碰到蘋果時得 1 分，如果正確輸入每個造型的英文字母得 10 分。

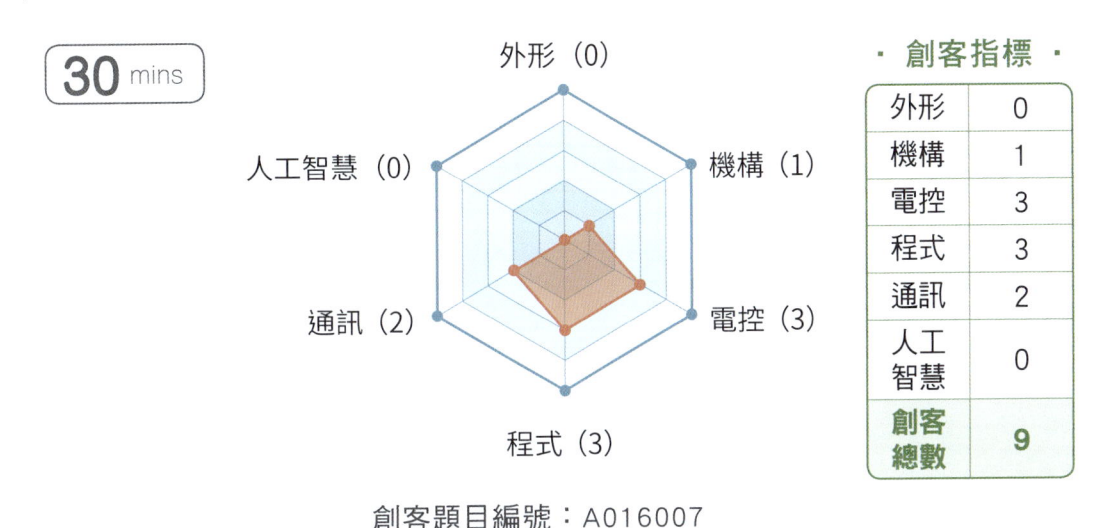

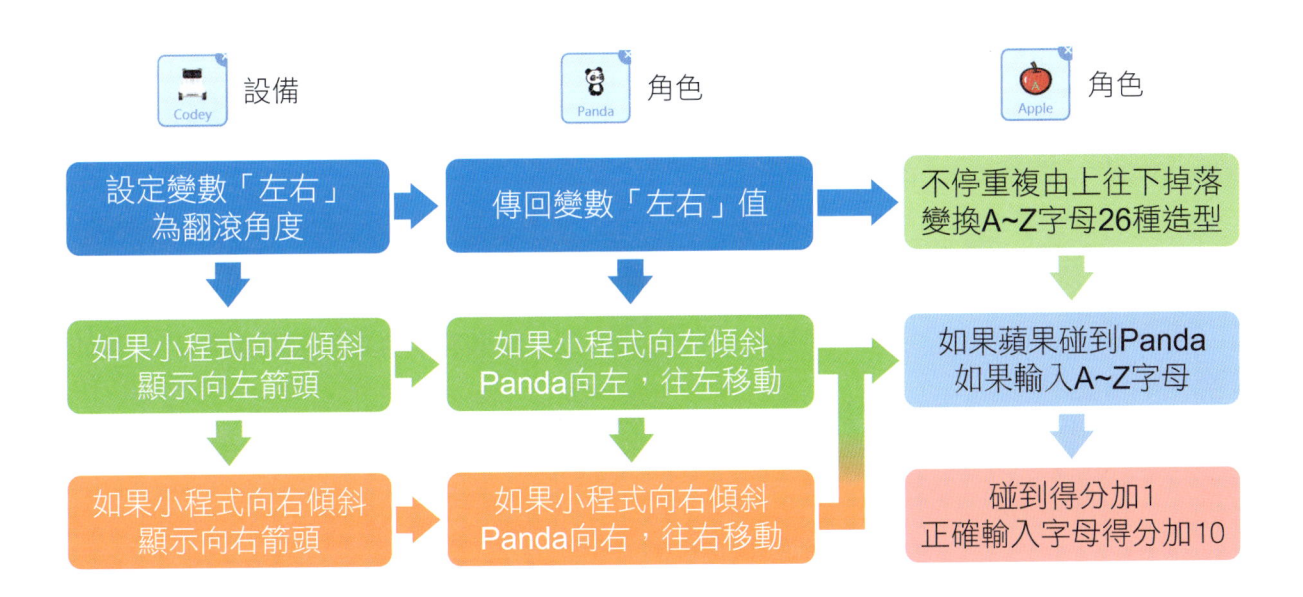

30 mins

雷達圖：
- 外形（0）
- 機構（1）
- 電控（3）
- 程式（3）
- 通訊（2）
- 人工智慧（0）

創客指標

外形	0
機構	1
電控	3
程式	3
通訊	2
人工智慧	0
創客總數	**9**

創客題目編號：A016007

設備 Codey
- 設定變數「左右」為翻滾角度
- 如果小程式向左傾斜 顯示向左箭頭
- 如果小程式向右傾斜 顯示向右箭頭

角色 Panda
- 傳回變數「左右」值
- 如果小程式向左傾斜 Panda向左，往左移動
- 如果小程式向右傾斜 Panda向右，往右移動

角色 Apple
- 不停重複由上往下掉落 變換A~Z字母26種造型
- 如果蘋果碰到Panda 如果輸入A~Z字母
- 碰到得分加1 正確輸入字母得分加10

用主題範例學運算思維與程式設計

11-3 建立變數：程小奔傳值給角色

一、建立變數

「變數」是設備（小程）與角色（Panda）之間溝通的橋樑，小程感測器的偵測值能夠經由「變數」傳遞值給角色 Panda。

Step.01 在「設備」按 `連接`，並設定為 `上傳` `即時`【即時】，即時連線傳遞資訊。

Step.02 點擊 `變數`，按 **建立變數**，點選【適用所有角色】，輸入【左右 > 確認】。

〈操作提示〉變數若設定為「僅適用本角色」，只有設備程小奔能夠使用此變數，其他角色無法使用。

Step.03 拖曳下圖積木，設定變數「左右」為翻滾角度，小程傳遞翻滾角度給角色「Panda」。

Step.04 勾選翻滾角度,點擊 🏁,將小程向左或向右傾斜,檢查「翻滾角度」與「左右」變數是否同步變化。

變數積木

變數建立成功之後,相關積木功能如下:

變數	積木	功能
變數值	左右	傳回左右的變數值。
設定	變數 左右▼ 設為 0	將左右變數值設定為0。
改變	變數 左右▼ 改變 1	將左右變數值加1。
顯示	顯示變數 左右▼	在舞台顯示變數值。
隱藏	隱藏變數 左右▼	在舞台隱藏變數值。

用主題範例學運算思維與程式設計

三 小程傳遞變數值給角色 Panda

當小程左右傾斜時，設定「左右」變數為「翻滾角度」。當小程向左或向右傾斜時，顯示左或右箭頭。

Step.01 按 ●控制、●運算、●外觀 與 ●偵測，拖曳下圖積木，當小程左右傾斜時，傳送滾轉角角度給角色 Panda，同時顯示往左與往右箭頭。

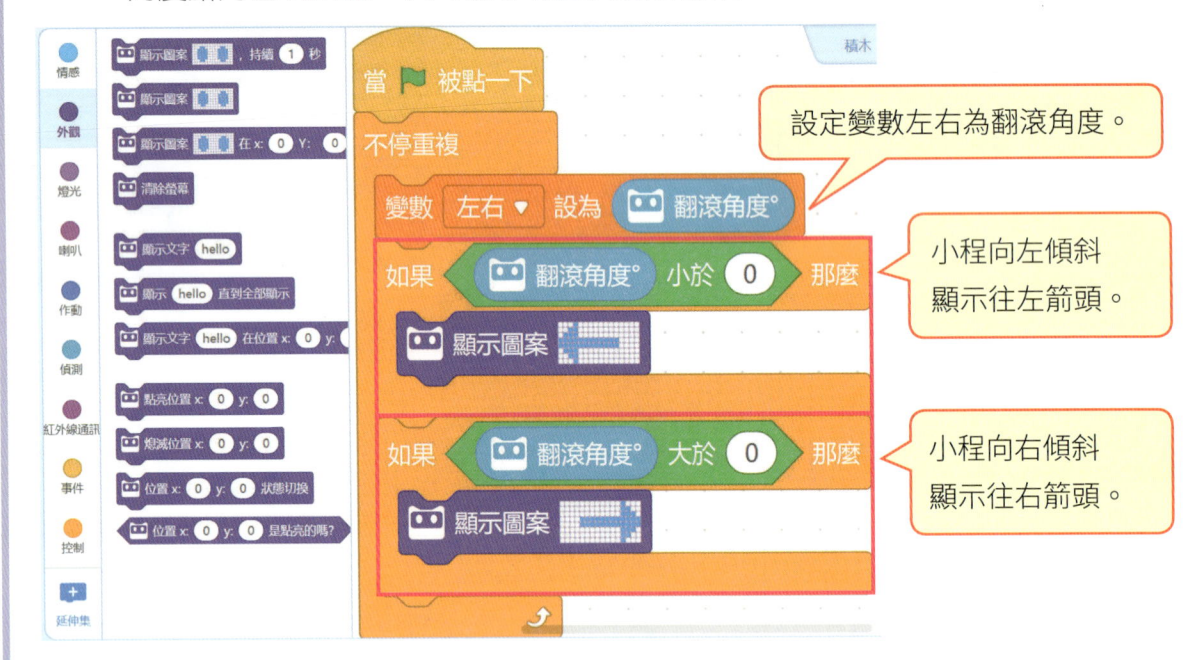

> 設定變數左右為翻滾角度。
>
> 小程向左傾斜顯示往左箭頭。
>
> 小程向右傾斜顯示往右箭頭。

Step.02 點擊 ▶，將小程向左或向右傾斜，檢查是否顯示往左或往右箭頭。

〈操作提示〉翻滾角度範圍介於 -90 ～ 90 之間，參數值愈小，左右傾斜愈靈敏。

〈操作提示〉 [翻滾角度° 小於 0] 與 [Codey偏向 向左傾斜 傾斜?] 積木，皆為六邊形積木，傳回真或假的邏輯判斷值。

[翻滾角度° 小於 0]	[Codey偏向 向左傾斜 傾斜?]
翻滾角度 <0，小程稍微傾斜為真。因此，稍微傾斜，Panda 就能夠往左移動。	小程完全向左傾斜為真，傾斜角度較大。因此，傾斜角度大，Panda 才能往左移動。

172

11-4 程小奔控制角色移動

Panda 傳回左右變數的值，往左或往右移動。

Step.01 點選【角色】，拖曳下圖積木，當左右變數 <0，Panda 往左移動、當左右變數 >0，Panda 往右移動。

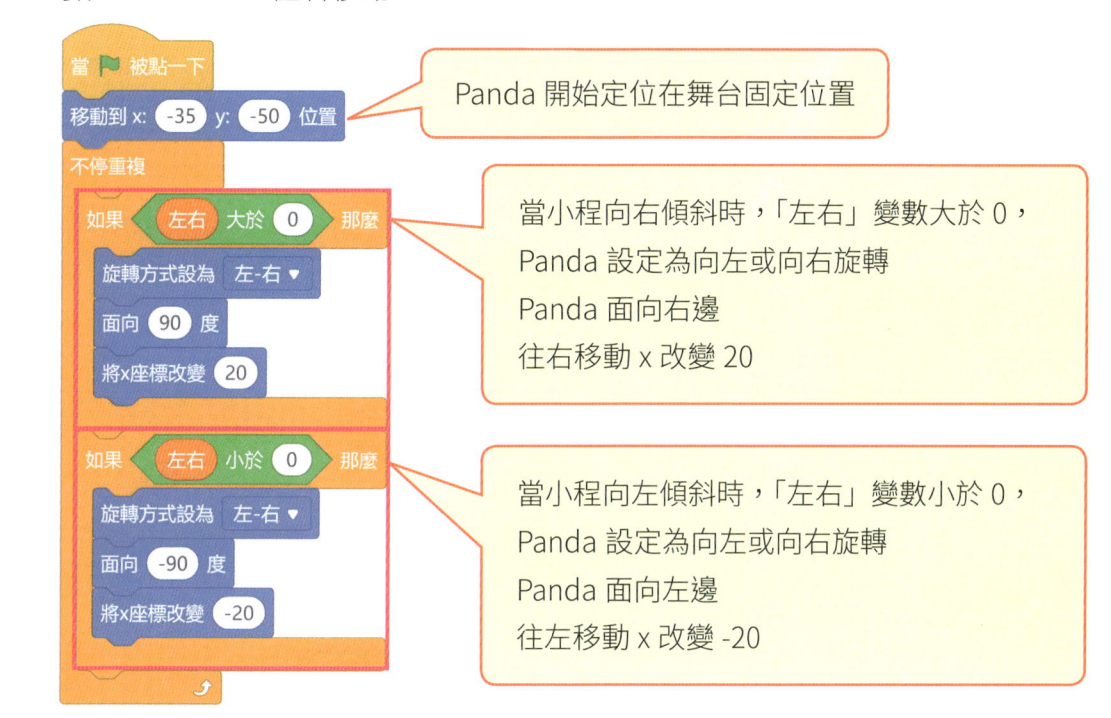

- Panda 開始定位在舞台固定位置
- 當小程向右傾斜時，「左右」變數大於 0，
  Panda 設定為向左或向右旋轉
  Panda 面向右邊
  往右移動 x 改變 20
- 當小程向左傾斜時，「左右」變數小於 0，
  Panda 設定為向左或向右旋轉
  Panda 面向左邊
  往左移動 x 改變 -20

Step.02 點擊 🟢，將小程向左或向右傾斜，檢查小程是否顯示往左或往右箭頭、同時 Panda 面向左或右移動。

- 小程往左傾斜
- Panda 往左
- Panda 往右
- 小程往右傾斜

〈操作提示〉1. 角色在舞台左右移動時，X 座標改變值愈大，速度愈快，建議 10 ～ 30 之間。

用主題範例學運算思維與程式設計

11-5 角色重複由上往下掉落

上傳角色蘋果，讓角色重複由上往下掉落。

Step.01 在角色按 ➕ 添加，點選【上傳】，從練習檔路徑上傳【apple.sprite3】蘋果角色。

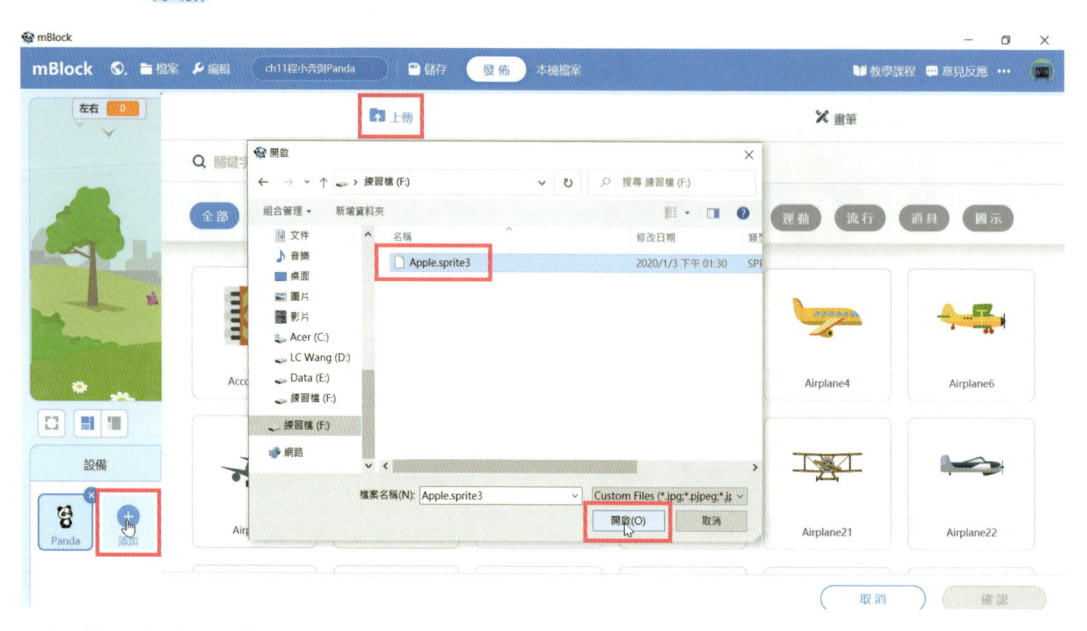

〈操作提示〉蘋果角色，建內 26 個字母的造型。

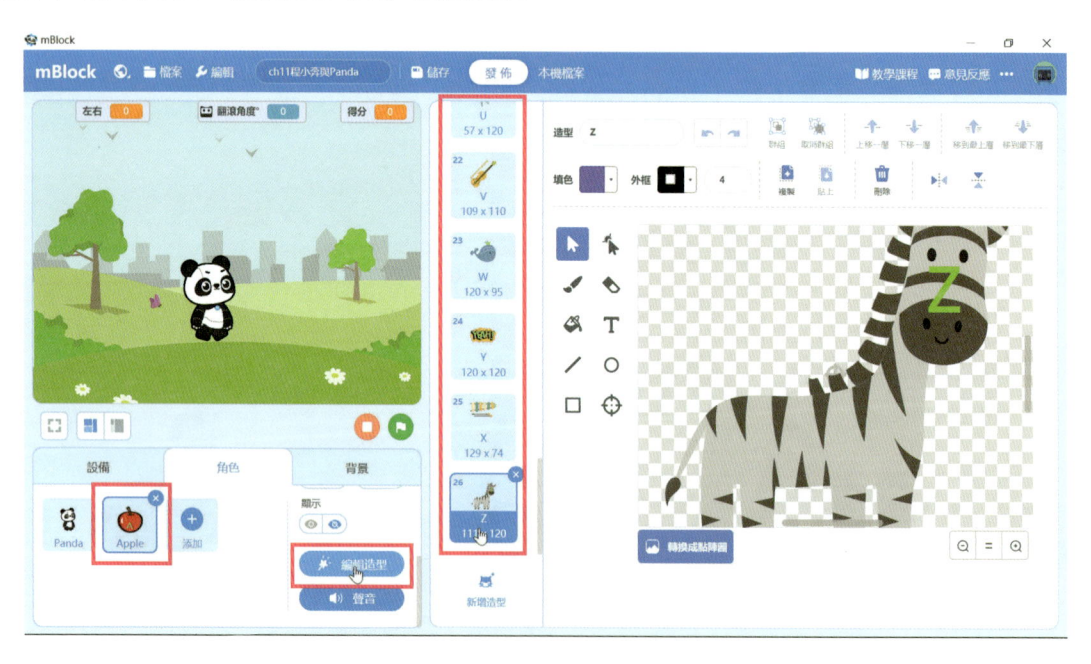

Step.02 點選【蘋果】拖曳下圖積木，蘋果重複由上往下掉落。

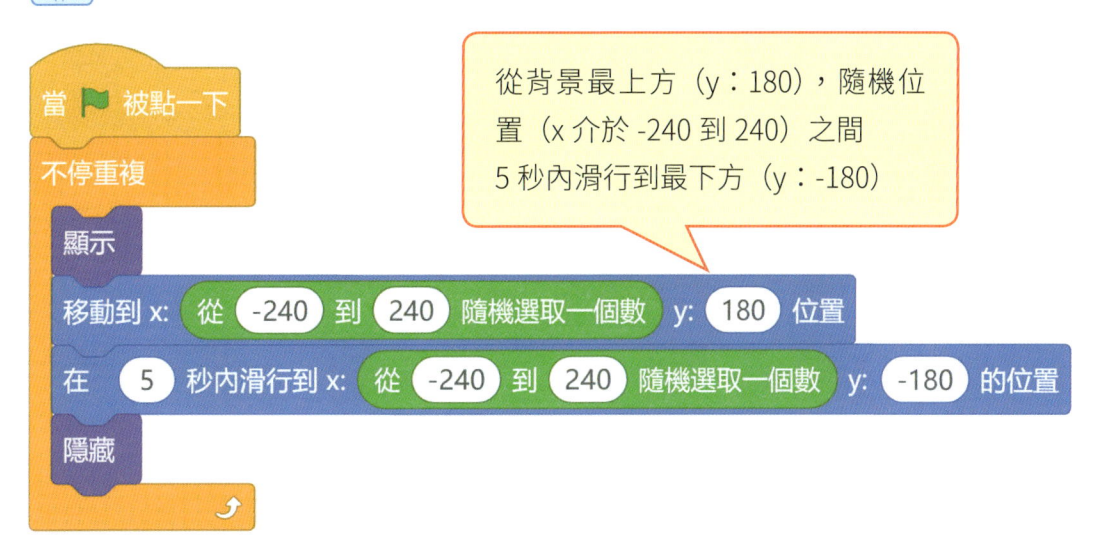

> 從背景最上方（y：180），隨機位置（x 介於 -240 到 240）之間
> 5 秒內滑行到最下方（y：-180）

```
當 ▶ 被點一下
不停重複
    顯示
    移動到 x: 從 -240 到 240 隨機選取一個數  y: 180  位置
    在 5 秒內滑行到 x: 從 -240 到 240 隨機選取一個數  y: -180 的位置
    隱藏
```

〈操作提示〉

1. 背景的最右邊 X=240，最左邊 X=-240，寬 480、最上方 Y=180，最下方 Y=-180，高 360。

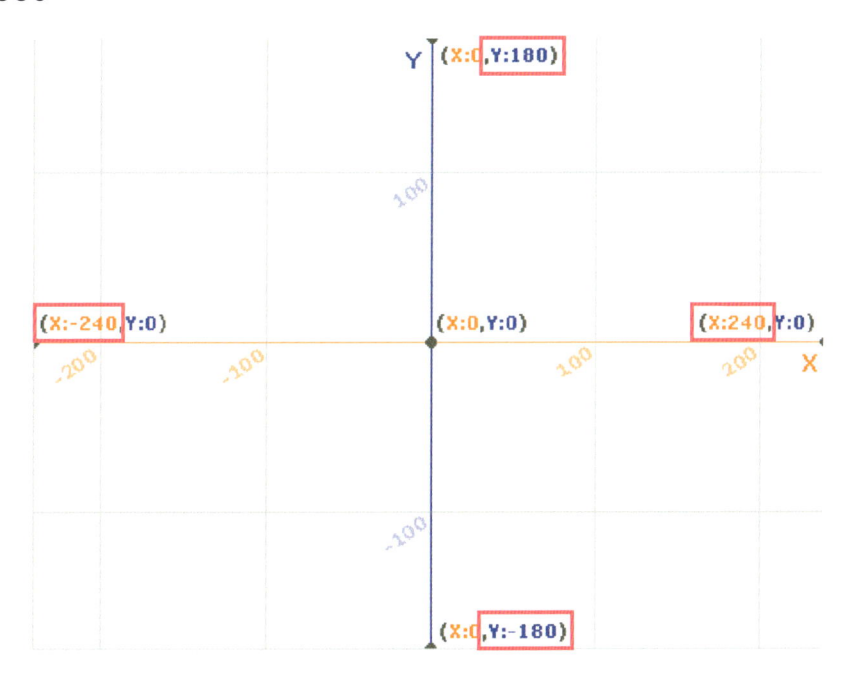

用主題範例學運算思維與程式設計

2. 新增背景的方法：點擊【背景】，按 ➕ 新增背景。

11-6 Panda 碰到角色得分

當 Panda 碰到蘋果時加 1 分。

Step.01 點擊 變數，按 建立變數，點選【適用所有角色】，輸入【得分 > 確認】。

Step.02 拖曳下圖積木，當蘋果碰到 Panda 時，得分加 1。

- 當 ▶ 被點一下
- 變數 得分 設為 0 → 程式開始將得分歸 0。
- 不停重複
  - 如果 碰到 Panda ? 那麼 → 如果蘋果碰到 Panda 將得分改變 1（加 1 分）蘋果隱藏 1 秒後再重新顯示。
    - 變數 得分 改變 1
    - 隱藏
    - 等待 1 秒
    - 顯示

11-7 蘋果角色變換造型

蘋果重複由上往下掉落時，會變換 26 種 A～Z 字母的造型，如果正確輸入每個造型的英文字母得 10 分。

Step.01 點擊 ●變數，按 **建立變數**，點選【適用所有角色】，輸入【題目 > 確認】。

Step.02 點選 ●變數 與 ●運算，將題目設定為 1～26 個字母之間隨機取一個數。

　　變數 題目▼ 設為 從 1 到 26 隨機選取一個數

Step.03 點選 ●外觀 與 ●變數，將「造型」設定為「題目」。

　　造型切換為 題目

例如：題目 =2
造型設定為 2
第 2 個造型為 B（蝙蝠）
題目 =3，第 3 個造型為 C（牛）
題目 =4，第 4 個造型為 D（鹿）
…依此類推

Step.04 拖曳下圖積木，當使用者從鍵盤輸入 A～Z 字母之前，角色重複詢問「請輸入字母」。

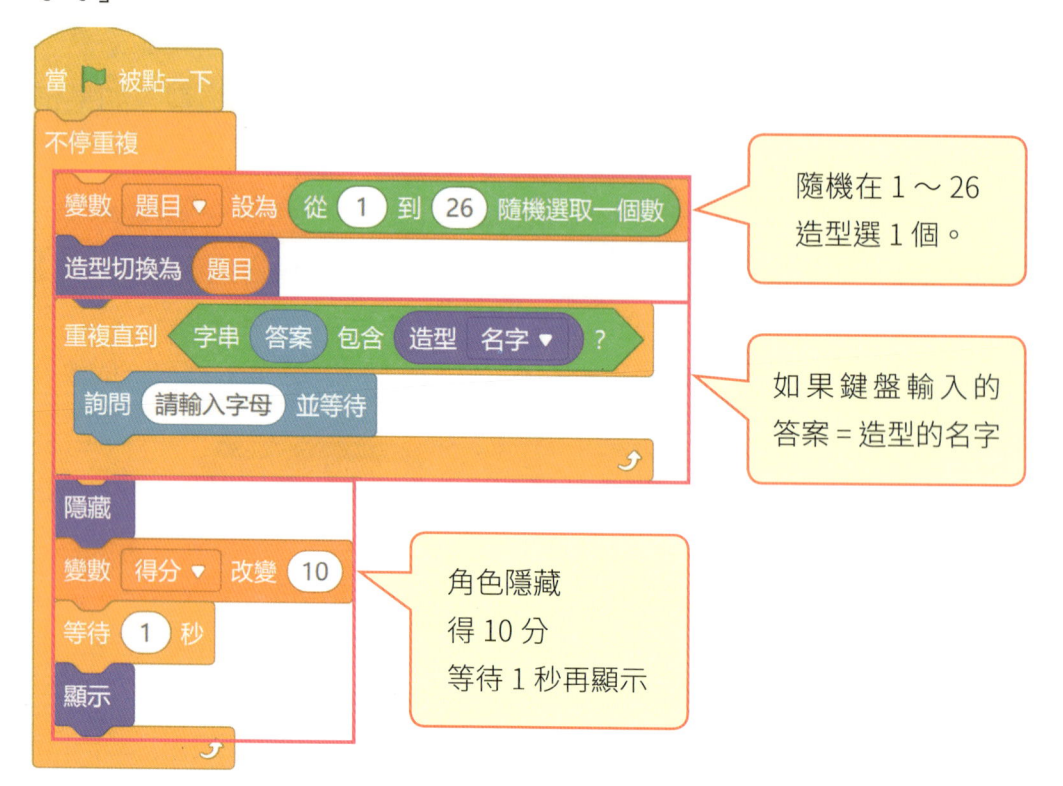

```
當 ▶ 被點一下
不停重複
    變數 題目▼ 設為 從 1 到 26 隨機選取一個數
    造型切換為 題目
    重複直到 ＜字串 答案 包含 造型 名字▼ ？＞
        詢問 請輸入字母 並等待
    隱藏
    變數 得分▼ 改變 10
    等待 1 秒
    顯示
```

隨機在 1～26 造型選 1 個。

如果鍵盤輸入的答案＝造型的名字

角色隱藏
得 10 分
等待 1 秒再顯示

Step.05 點擊 ▶，檢查蘋果角色是否在 1～26 個字母之間，隨機顯示 1 個造型，並詢問「請輸入字母」，正確輸入得 10 分。

左右 0　　翻滾角度° 0　　得分 13

3. 得分加 10

1. 兔子的英文為 R 開頭

請輸入字母

2. 輸入 r

實力評量

單選題

( ) 1. 如果想要設計搖晃小程，開始執行程式，應該使用下列哪一個積木？
   (A) 當 Codey 向左傾斜▼ 傾斜
   (B) 小程搖晃?
   (C) Codey姿態為 正面朝上▼ ?
   (D) 當Codey搖晃

( ) 2. 下列哪一個積木與小程的陀螺儀「無關」？
   (A) 翻滾角度°
   (B) 繞x軸旋轉的角度
   (C) 當收到廣播訊息 訊息1▼
   (D) 當 Codey 向左傾斜▼ 傾斜

( ) 3. 下列哪一個積木無法傳回陀螺儀相關的偵測值？
   (A) 俯仰角度°
   (B) 重置 所有軸向▼ 的旋轉角度°
   (C) 繞z軸旋轉的角度
   (D) 搖晃強度

( ) 4. 如果想要判斷程小奔的耳朵是朝上或朝下，應該使用下哪一種感測器偵測？
   (A) 光線感測器　(B) 聲音感測器　(C) 陀螺儀　(D) 直流減速電機。

( ) 5. 關於下圖程式的敘述，何者「錯誤」？

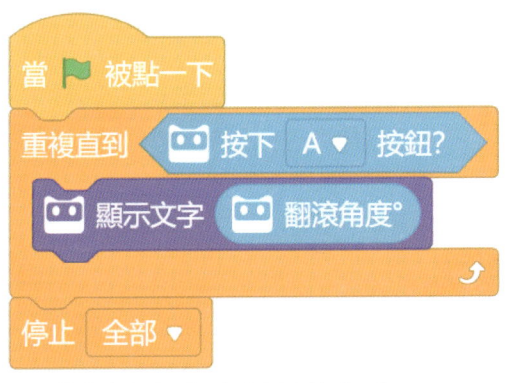

   (A) 偵測小程左右傾斜的角度
   (B) 偵測小程耳朵朝上或朝下的角度
   (C) 小程向左傾斜為負數、向右傾斜為正數
   (D) 按下按鈕 A 停止程式執行。

實力評量

( ) 6. 如果想要讓角色 Panda 與程小奔能夠連線傳遞即時資訊，應該使用下列哪一類積木？

(A) 變數　　(B) 偵測　　(C) 控制　　(D) 情感。

( ) 7. 關於下列積木功能的敘述何者「不正確」？

(A) `停止 全部` 停止全部程式的執行

(B) `將x座標改變 10` 角色往左移動 10 點

(C) `移動到 x: 0 y: 0 位置` 角色定位在舞台中心點

(D) `面向 90 度` 角色面朝右。

( ) 8. 關於下圖程式的敘述，何者「錯誤」？

(A) 舞台最上方是 Y：180　　(B) 角色移到舞台最下方時隱藏
(C) 舞台最右邊是 X：240　　(D) 角色由下往上移動。

( ) 9. 下列關於舞台的敘述，何者「錯誤」？
(A) 高度 Y 從 -180 ～ 180　　(B) 高度 Y 為 360
(C) 寬度 X 從 -240 ～ 240　　(D) 舞台背景的寬度 X 為 360。

(　　) 10. 關於右圖程式的敘述何者「錯誤」？
(A) 題目從 1～26 中隨機取一個數
(B) 程式會等待使用者輸入字母
(C) 總共有 26 個角色
(D) 輸入的字母與造型名稱相同才正確。

實作題

1. 請利用 聲音 積木，當使用者正確輸入字母時，電腦喇叭播放音效。

2. 請改寫程式，讓角色從舞台右邊隨機位置，移動到舞台左邊，並將小程控制 Panda 移動的方式改為上下移動，程式開始執行時，Panda 移到舞台最左邊。

Chapter 12 程小奔遙控程小奔

本章將利用小程的紅外線通訊（IR）遙控另一個程小奔。

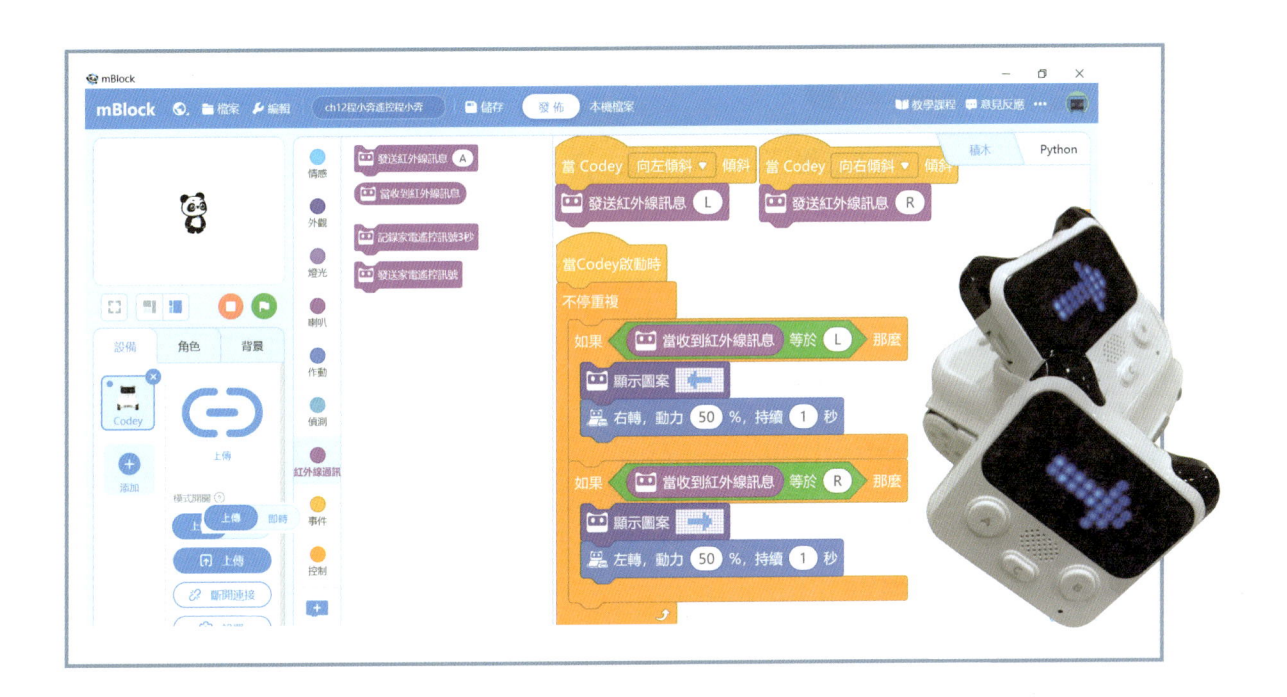

本章學習目標

1. 能夠應用紅外線發送訊息或接收訊息。
2. 能夠應用紅外線遙控程小奔。
3. 能夠應用陀螺儀偵測傾斜。

12-1 紅外線 IR 發送與接收：小程 IR 小程

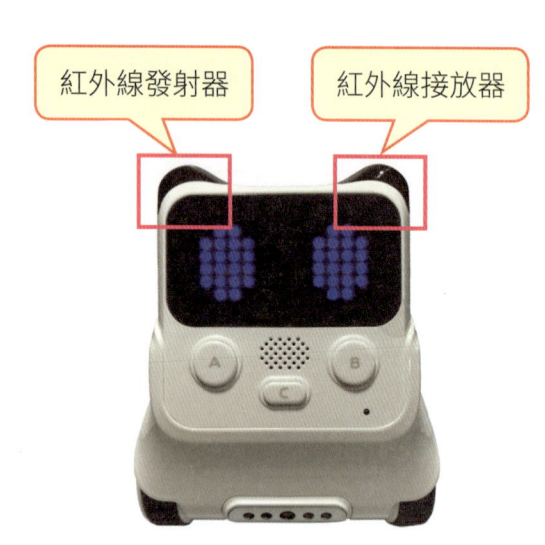

紅外線發射器　　紅外線接放器

紅外線通訊（Infrared，IR）利用紅外線進行無線數據傳遞。小程的左耳內建紅外線發射器，右耳內建紅外線接收器，因此，小程能夠利用紅外線傳輸發送訊息遙控其他小程，或接收其他小程發送的訊息。在 mBlock 5「設備」的 Codey 紅外線通訊 積木功能如下：

IR	積　　木	功　　能
發送	發送紅外線訊息 A	小程紅外線發送訊息 (A)。
接收	當收到紅外線訊息	傳回小程接收到的紅外線訊息 (A)。

小試身手 1　小程 IR 小程（範例：ch12-1）

小程利用紅外線（IR）發射器，發送訊息 L（左）、R（右）與 STOP（停止）。再利用紅外線接收器接收訊息，如果收到訊息「L」，就顯示文字「L」、如果收到「R」，就顯示文字「R」、如果收到「STOP」，就顯示文字「STOP」。

1. 在「設備」按 連接，並設定為 【上傳】。

發送 IR 訊息

- 當按下 A 按鈕　發送紅外線訊息 L　→ 按下按鈕 A 發送 IR 訊息 L。
- 當按下 B 按鈕　發送紅外線訊息 R　→ 按下按鈕 B 發送 IR 訊息 R。
- 當按下 C 按鈕　發送紅外線訊息 STOP　→ 按下按鈕 C 發送 IR 訊息 STOP。

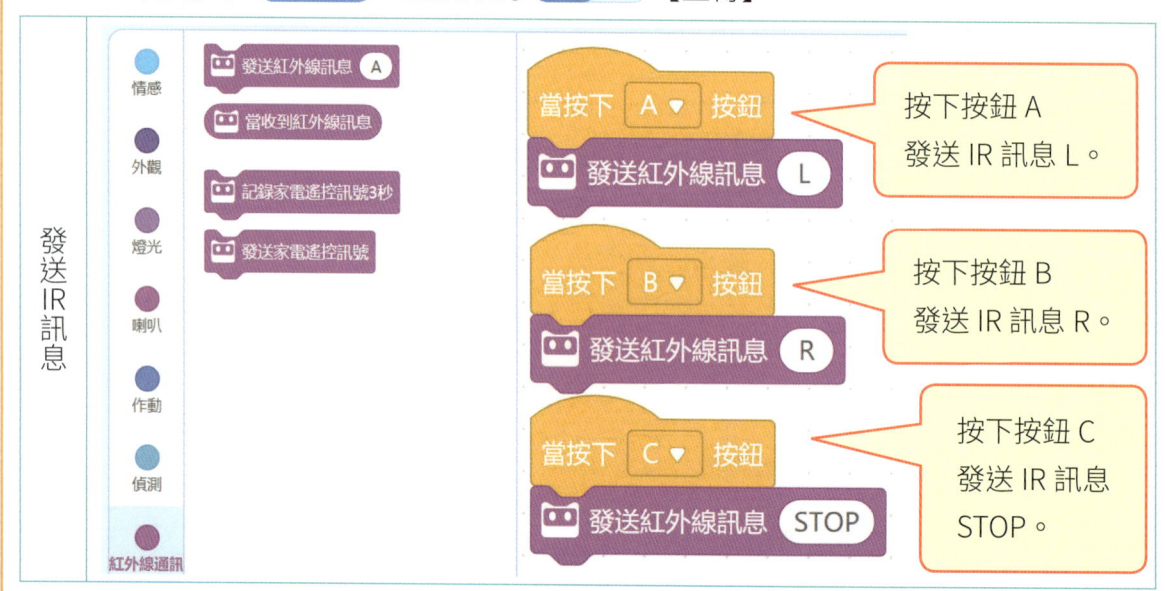

2. 點擊 上傳 將程式上傳到程小奔。

3. 重複上一個步驟，再連接另一個小程 2，上傳程式。

4. 點擊小程的按鍵 A、B 或 C，檢查兩個小程是否顯示文字 L、R 或 STOP。

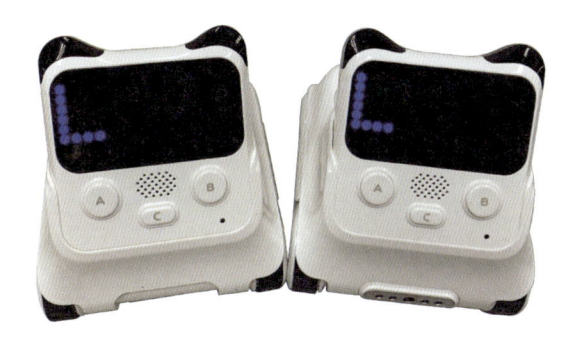

〈操作提示〉

1. 發送 IR 訊息與接收 IR 訊息的文字大小寫（L 與 R）必需相同，訊息才能正確發送。

2. 小程具備紅外線發射器及接收器，因此，按下按鈕的小程 1 也會接收自己發送的訊息，跟接收訊息的小程 2 顯示相同的文字。

腦力激盪 請設計某位程小奔當發送者，遙控全班的程小奔。

12-2 程小奔遙控程小奔流程規劃

小程 1 利用紅外線通訊（IR）遙控另一個程小奔 2，當小程向左傾斜，程小奔 2 顯示往左箭頭，同時往左轉、當小程向右傾斜，程小奔 2 顯示往右箭頭，同時往右轉。

25 mins

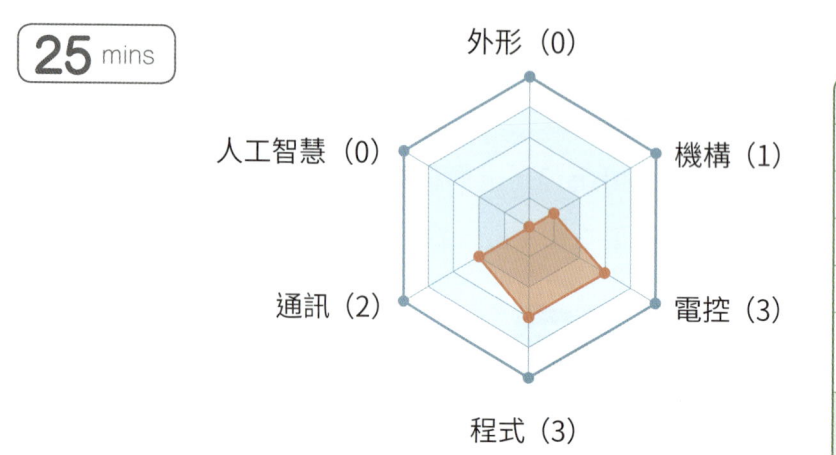

外形（0）
人工智慧（0）
機構（1）
通訊（2）
電控（3）
程式（3）

創客題目編號：A016010

創客指標

外形	0
機構	1
電控	3
程式	3
通訊	2
人工智慧	0
創客總數	9

一 程小奔遙控程小奔流程規劃

設備小程 1	設備小程 2
向左傾斜 發送IR訊息L	⇔ 如果收到IR訊息L 顯示往左箭頭、左轉
向右傾斜 發送IR訊息R	⇔ 如果收到IR訊息R 顯示往右箭頭、右轉

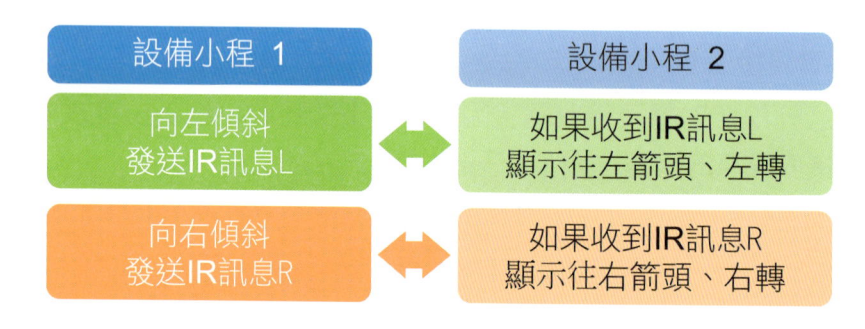

12-3 程小奔遙控程小奔

當小程 1 向左傾斜，程小奔 2 向左轉、當小程 1 向右傾斜，程小奔 2 向右轉。

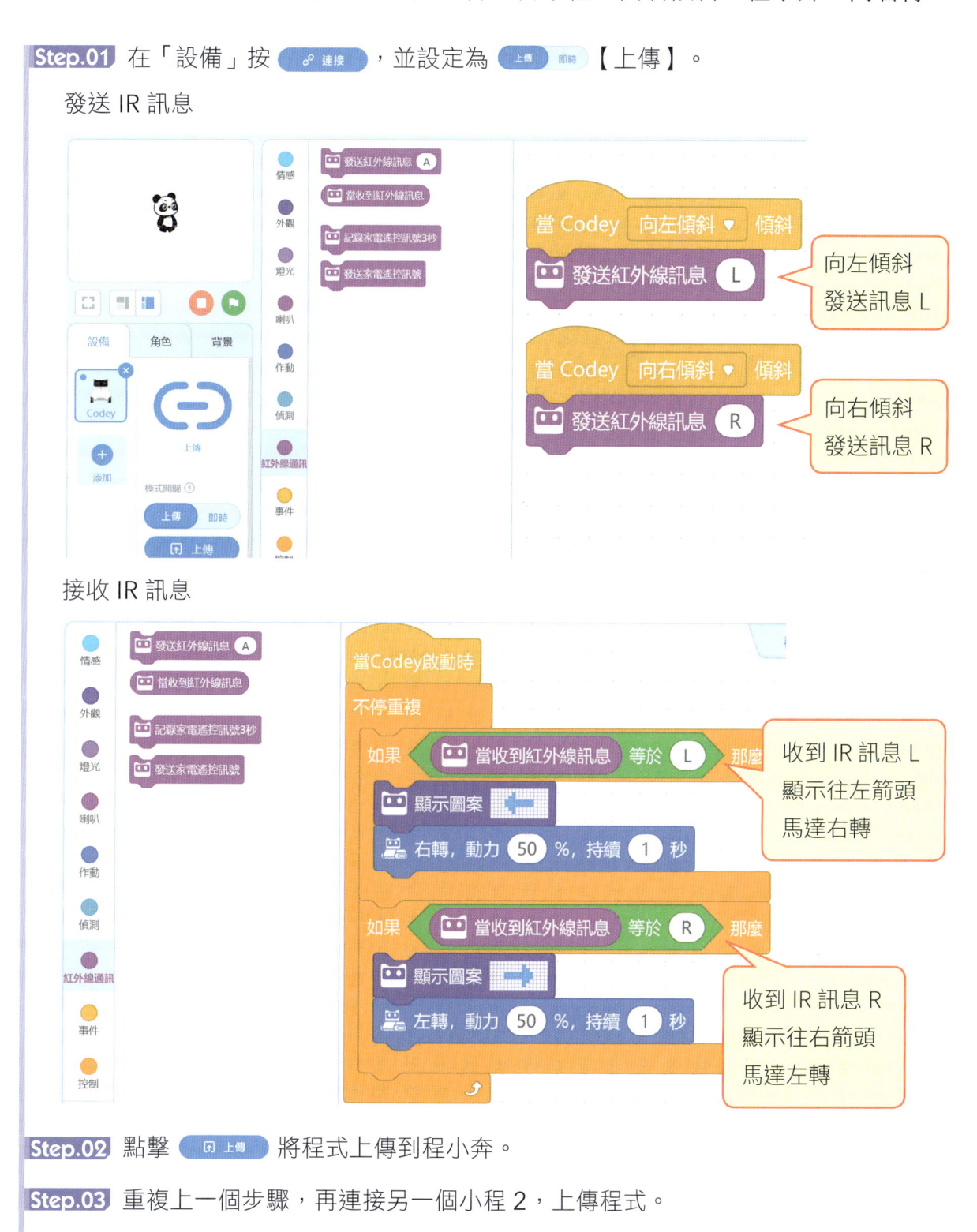

Step.01 在「設備」按 連接 ，並設定為 上傳 即時 【上傳】。

發送 IR 訊息

- 向左傾斜 發送訊息 L
- 向右傾斜 發送訊息 R

接收 IR 訊息

- 收到 IR 訊息 L 顯示往左箭頭 馬達右轉
- 收到 IR 訊息 R 顯示往右箭頭 馬達左轉

Step.02 點擊 上傳 將程式上傳到程小奔。

Step.03 重複上一個步驟，再連接另一個小程 2，上傳程式。

用主題範例學運算思維與程式設計

Step.04 將小程往左傾斜，檢查程小奔是否左轉、往右傾斜時，程小奔右轉。

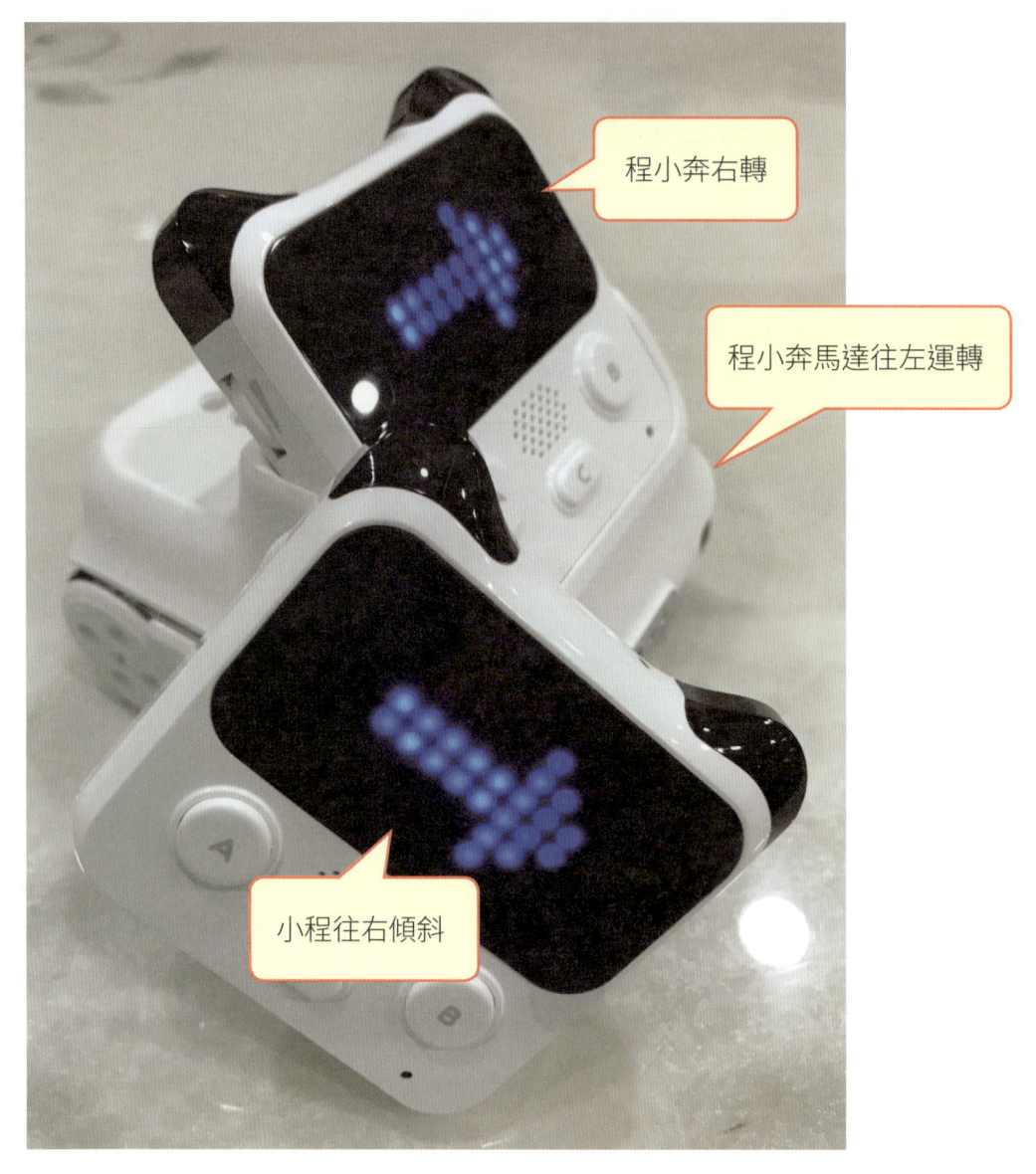

（操作提示）1. 程小奔面對我們的方向，因此，小程往右傾斜時，馬達要往左轉，程小奔才能夠右轉。

實力評量

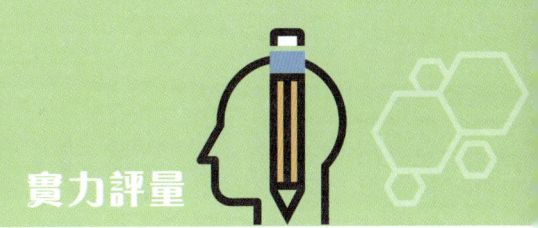

單選題

( ) 1. 如果想要設計程小奔遙控另一個程小奔，可以使用下列哪一項功能？
　　(A) 動作感測器　　(B) 廣播訊息
　　(C) 陀螺儀　　(D) 紅外線發射或接收。

( ) 2. 如果想要利用小程的紅外線相關功能，應該使用下列哪一類積木？
　　(A) 紅外線通訊　(B) 偵測　(C) 外觀　(D) 上傳模式 廣播。

( ) 3. 右圖何者是小程紅外線發射器的位置？
　　(A) A　　(B) B
　　(C) C　　(D) D。

( ) 4. 續接上一題，右圖何者是小程紅外線接收器的位置？
　　(A) A　　(B) B
　　(C) C　　(D) D。

( ) 5. 下列哪一個積木能夠傳回小程接收到的紅外線訊息？
　　(A) 發送家電遙控訊號
　　(B) 發送紅外線訊息 A
　　(C) 當收到紅外線訊息
　　(D) 記錄家電遙控訊號3秒。

( ) 6. 關於下圖程式執行結果的敘述，何者「錯誤」？

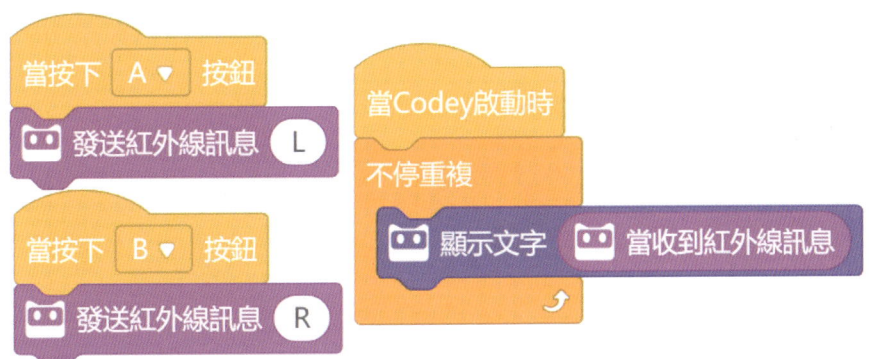

　　當按下 A 按鈕
　　發送紅外線訊息 L

　　當按下 B 按鈕
　　發送紅外線訊息 R

　　當Codey啟動時
　　不停重複
　　　顯示文字 當收到紅外線訊息

　　(A) 按下按鈕 A，發送紅外線訊息 L
　　(B) 按下按鈕 A，小程面板不會顯示 L
　　(C) 發送或接收紅外線訊息屬於紅外線通訊功能
　　(D) 按下按鈕 A，小程面板同步顯示 L。

實力評量

( ) 7. 下列關於紅外線通訊的敘述，何者「錯誤」？
(A) 發送訊息僅限於英文字
(B) 小程能夠接收與發送紅外線訊息
(C) 必須在上傳模式，將程式上傳才能遙控另一個程小奔
(D) 發送與接收的訊息大小寫格式必須完全相符。

( ) 8. 下列敘述何者「錯誤」？
(A) 〔當收到紅外線訊息 等於 L〕 收到的紅外線訊息必須為大寫的 L，才會傳回 True(真)值
(B) 〔字串 當收到紅外線訊息 包含 L ?〕 收到的紅外線訊息只要包含大寫的 L，就傳回 True(真)值
(C) 〔當收到紅外線訊息 等於 L〕 當發送紅外線訊息「Love」時，左圖積木傳回 True(真)值
(D) 〔字串 當收到紅外線訊息 包含 L ?〕 當發送紅外線訊息「Love」時，左圖積木傳回 True(真)值。

( ) 9. 下列積木類別的敘述，何者「錯誤」？
(A) 〔當收到紅外線訊息〕 屬於 紅外線通訊
(B) 〔當Codey啟動時〕 屬於 控制
(C) 〔顯示圖案〕 屬於 外觀
(D) 〔右轉,動力 50 %,持續 1 秒〕 屬於 作動。

實力評量

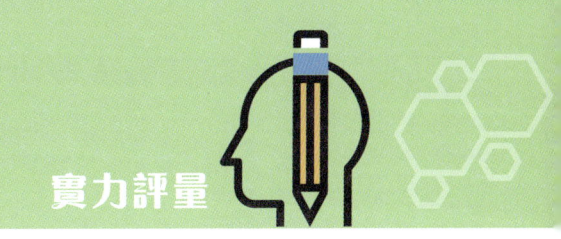

( ) 10. 關於下圖程式的敘述，何者「錯誤」？

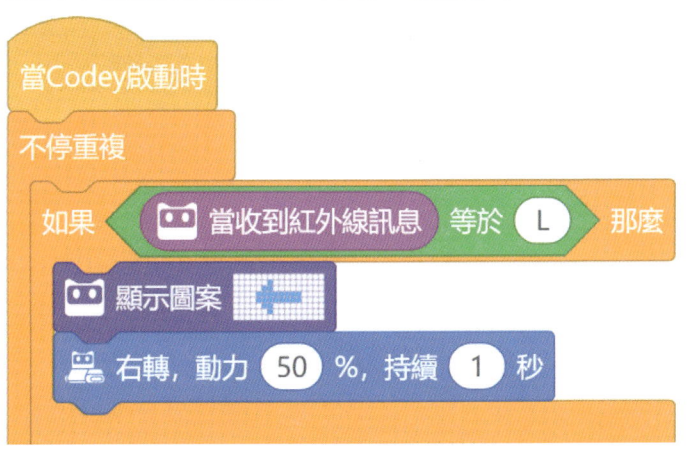

```
當Codey啟動時
不停重複
  如果 <當收到紅外線訊息 等於 L> 那麼
    顯示圖案 [←]
    右轉, 動力 50 %, 持續 1 秒
```

(A) 當小程收到紅外線訊息 L，才顯示圖案
(B) 當小程收到紅外線訊息 L，右轉 0.1 秒
(C) 不停重複執行是否收到紅外線訊息 L
(D) 小程啟動時發送紅外線訊息 L。

實作題

1. 請利用 `Codey偏向 向左傾斜▼ 傾斜?` 改寫程式，當小程向左或向右傾斜時，發送紅外線訊息，給其他程小奔接收。

2. 請兩人一組，一人發送紅外線訊息，一人接收紅外線訊息、發送紅外線訊息遙控另一個程小奔點亮 LED、關閉 LED 或執行避開障礙物的功能。

Chapter 13 程小奔遙控 mBot 賽車

本章利用程小奔連接無線網路（WiFi），無線遙控 mBot 賽車直線前進、停止或唱歌跳舞等動作。

本章學習目標

1. 能夠應用程小奔發送雲訊息給角色。
2. 能夠應用角色廣播訊息給 mBot。
3. 能夠應用程小奔遙控 mBot。

13-1 程小奔遙控 mBot 專題規劃

本章將利用程小奔內建的無線網路（WiFi），設計程小奔遙控 mBot。當程小奔連接無線網路後，按下小程的 A、B 或 C，發送使用者雲訊息給角色。當角色接收到使用者雲訊息時，廣播直線前進、停止或唱歌跳舞等動作給 mBot 執行。

■ 程小奔遙控 mBot 專題規劃

設備（程小奔）	角　　色	設備（mBot）
連接 WiFi 無線網路 發送使用者雲訊息 上傳模式	接收使用者雲訊息 廣播 即時模式	
1. 當程小奔啟動連接無線網路。 2. 當按下小程的 A、B 或 C，發送使用者雲訊息 A，B，C 給角色。	3. 當角色接收到 A，B，C 的使用者雲訊息，廣播訊息給 mBot。	4. 當 mBot 接收到廣播訊息，開始直線前進、停止或唱歌跳舞。

■ 程小奔遙控 mBot 互動流程

```
              使用者
              雲訊息
      發送　　        　　接收
   ┌─────────────┐         ┌──────┐
   │   設備一    │         │ 角色 │
   │ 程小奔上傳程式│        └──────┘
   └─────────────┘
   ┌─────────────┐
   │   設備二    │ ◀──────
   │mBot即時模式接收廣播│
   └─────────────┘
```

13-2 使用者雲訊息

設備程小奔上傳程式之後，如果斷開與 mBlock5 之間的連線，能夠利用「使用者雲訊息」以無線網路傳遞訊息給角色。首先將「程小奔」連接無線網路，發送「使用者雲訊息」傳遞資訊給角色；角色連接相同的電腦網路，接收程小奔發送的使用者雲訊息。

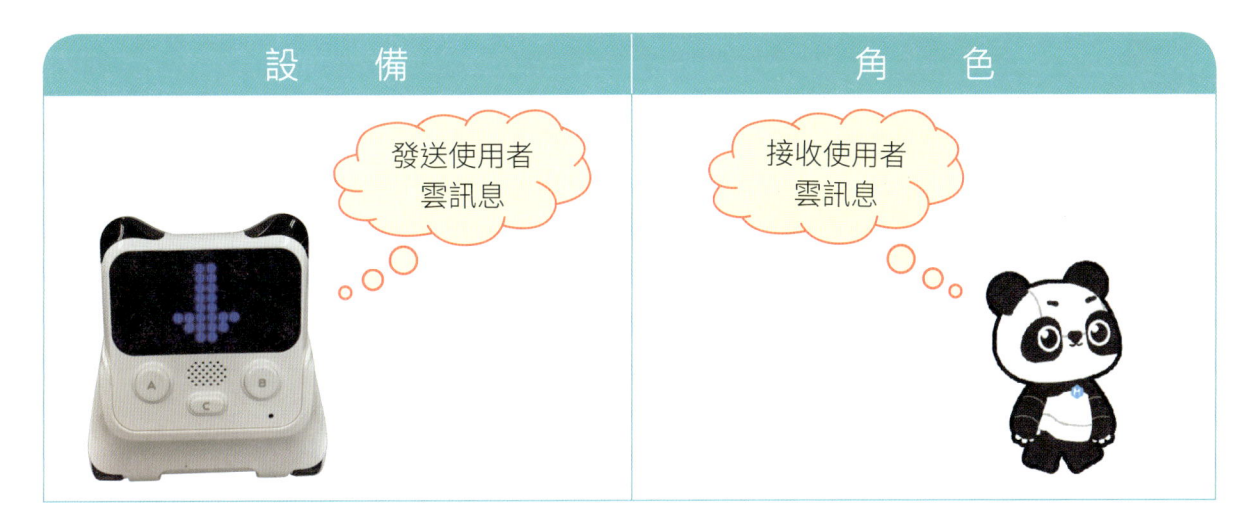

設　　備	角　　色
發送使用者雲訊息	接收使用者雲訊息

■ 設備程小奔的使用者雲訊息

mBlock 5 設備 的「使用者雲訊息」積木在 延伸集 的 物聯網 積木，相關積木功能如下：

物聯網

1. 發送使用者雲訊息 message ：發送使用者雲訊息。

2. 發送使用者雲訊息 message 及數值 1 ：發送使用者雲訊息與數值。

3. 當收到使用者雲訊息 message ：當接收到使用者雲訊息時，開始執行。

4. 使用者雲訊息 message 接收的值 ：傳回接收到使用者雲訊息的數值。

〈操作提示〉發送或接收的使用者雲訊息（message）的大寫、小寫、數字、空格或符號必需完全相同。

角色的使用者雲訊息

mBlock 5 角色 [Panda] 的「使用者雲訊息」積木在 [延伸集] 的 [使用者雲訊息] 積木，相關積木功能如下：

使用者雲訊息	
	1. [發送使用者雲訊息 message]：發送使用者雲訊息。
	2. [發送使用者雲訊息 message 及數值 1]：發送使用者雲訊息與數值。
	3. [當我收到使用者雲訊息 message]：當接收到使用者雲訊息時，開始執行。
	4. [使用者雲訊息 message 數值]：傳回接收到使用者雲訊息的數值。

小試身手 1　使用者雲訊息發送與接收（範例：ch13-1）

一、程小奔發送使用者雲訊息給角色

1. 將 Micro USB 連接小程與 USB 連接電腦，開啟程小奔電源。

2. 開啟 mBlock5，在「設備」按 [連接]，並設定為 [上傳 即時]【上傳】。

3. 點選 [延伸集]，在延伸集按【+ 添加】，新增【物聯網】積木。

〈操作提示〉使用物聯網積木前，登入使用者帳號與密碼。

4. 拖曳下圖積木，點選【Wi-Fi 名稱】，並輸入【Wi-Fi 密碼】，當小程啟動時連接無線網路。

5. 拖曳下圖積木，按下按鈕 A 連接無線網路，當無網網路連接成功，按下按鈕 B，發送使用者雲訊息與數值 520 給角色，同時，程小奔的面板顯示發送的數值 520。

6. 點擊 【上傳】，將程式上傳程小奔，並斷開電腦與程小奔的連線。

二、角色接收使用者雲訊息

1. 點選【角色】，按 ➕延伸集 ，點選「使用者雲訊息」。

2. 點選 ●使用者雲訊息，拖曳 ☁當我收到使用者雲訊息 message 。

3. 點選 ●外觀 與 ●使用者雲訊息，拖曳 說 你好! 與 ☁使用者雲訊息 message 數值。

4. 按下按鈕 A，當程小奔連接無線網路之後，按下按鈕 B，檢查角色 Panda 是否說：「520」。

- 上傳程式不需要跟電腦連線
- 3. 顯示 520
- 4. 角色說出：「520」
- 1. 按 A 連接無線網路
- 2. 按 B 發送訊息 520

〈操作提示〉

1、 Wi-Fi 無線基地台 WangT 密碼 0123456789　Wi-Fi 無線基地台與 mBlock 電腦網路必須在相同網域，例如：程小奔連接「WangT」無線網路、電腦也連接「WangT」無線網路。

2、檢查網路網域的方法：

方法一：在電腦螢幕右下方，點擊【無線網路】，檢查網路連線名稱。

方法二：在【設定 > 控制台 > 網路和網際網路】，檢查網路連線名稱。

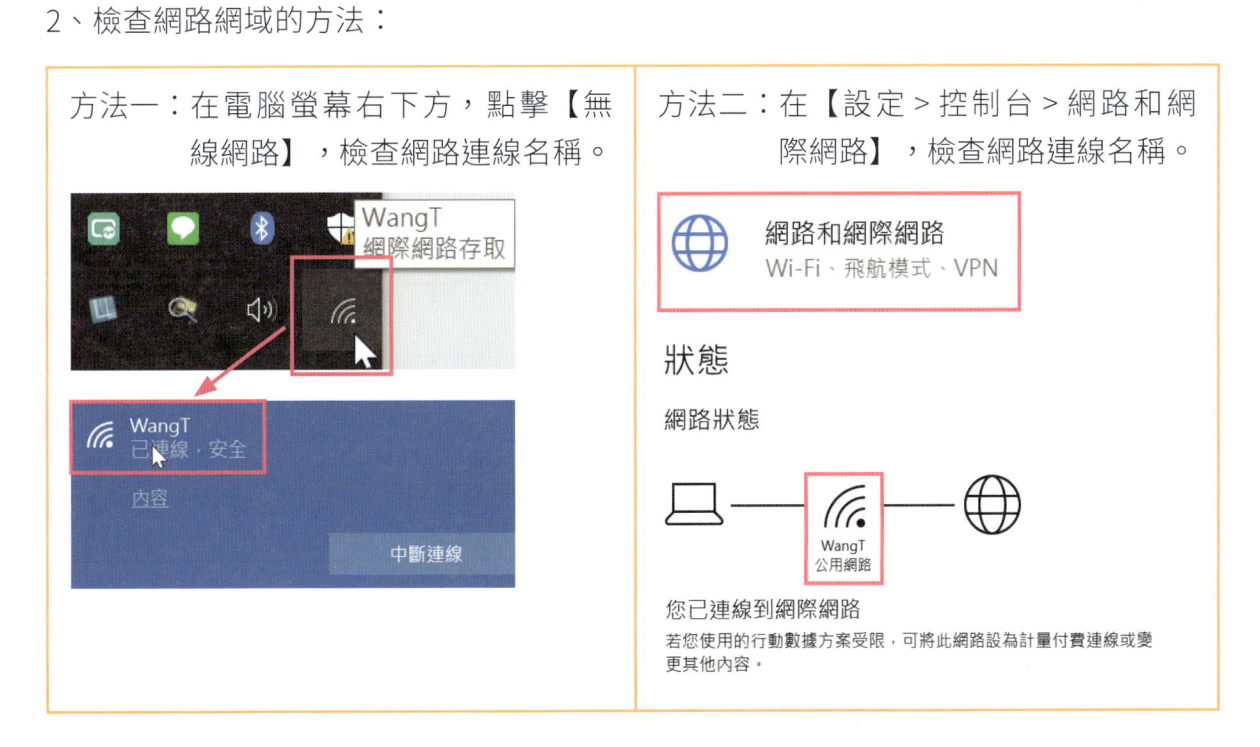

腦力激盪　請設計程小奔發送使用者雲訊息。

199

13-3 程小奔連接無線網路

當啟動程小奔時，程小奔路連接無線網路，並顯示網路連線成功的訊息。

按下小程的 A、B 或 C，mBot 賽車執行直線前進、停止或唱歌跳舞。

20 mins

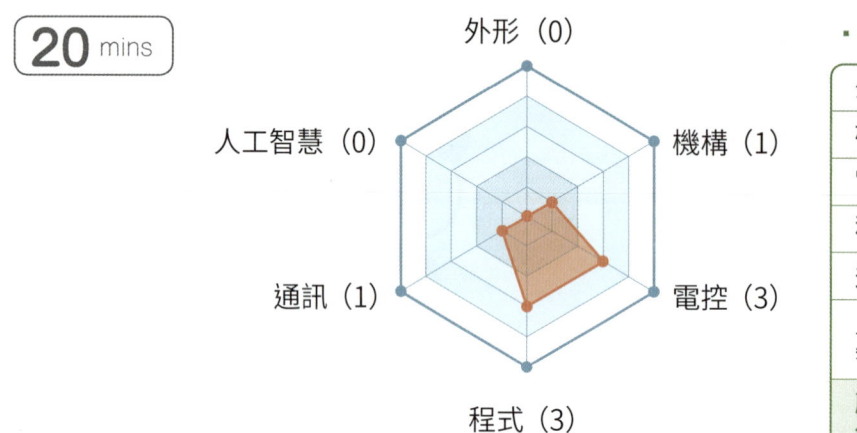

外形（0）
機構（1）
電控（3）
程式（3）
通訊（1）
人工智慧（0）

・創客指標・

外形	0
機構	1
電控	3
程式	3
通訊	1
人工智慧	0
創客總數	8

創客題目編號：A016012

一、程小奔連接無線網路

Step.01 開啟 mBlock5，在「設備」按 連接，並設定為 上傳 即時【上傳】。

Step.02 按【程小奔】，點選 事件 與 物聯網，拖曳下圖積木，當啟動程小奔時，LED 面板顯示文字訊息「NO」，再連接無線網路。

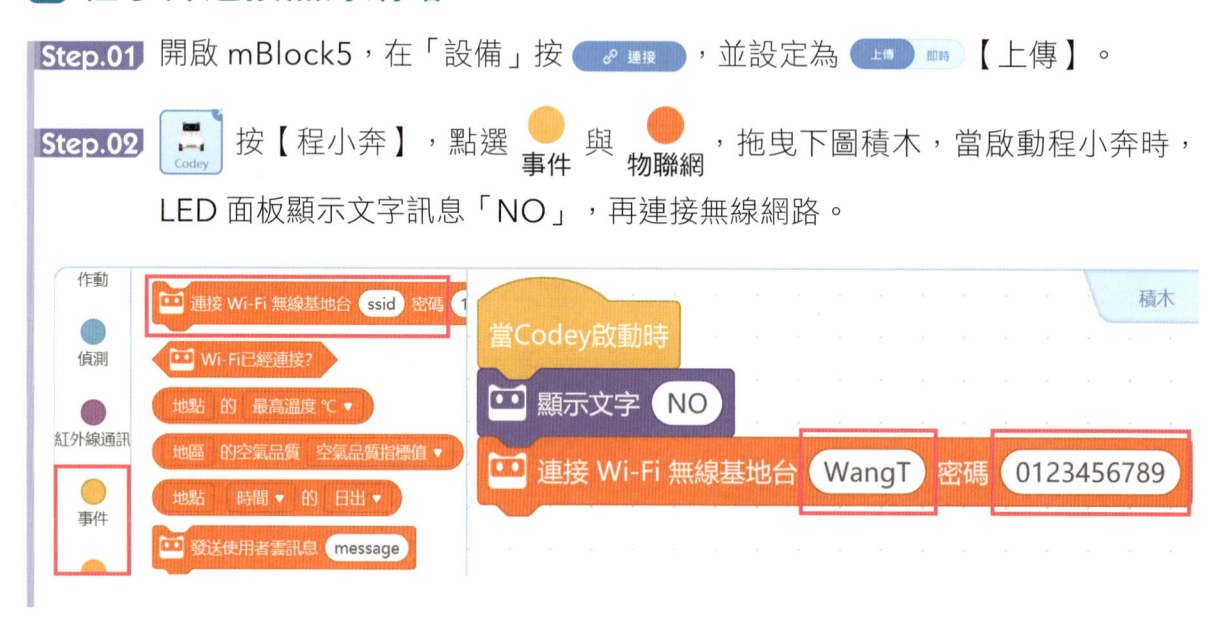

連接 Wi-Fi 無線基地台 ssid 密碼
Wi-Fi 已經連接？
地點 的 最高溫度 ℃
地區 的空氣品質 空氣品質指標值
地點 時間 的 日出
發送使用者雲訊息 message

當 Codey 啟動時
顯示文字 NO
連接 Wi-Fi 無線基地台 WangT 密碼 0123456789

判斷是否連接無線網路

當程小奔連線無線網路時，等待直到無線網路連接成功，顯示「YES」。

Step.01 點選 🟡 事件、🟣 外觀 與 🟠 物聯網，拖曳下圖積木，程小奔等待直到無線網路連接成功，播放聲音「耶！」，並顯示文字「YES」。

等待直到無線網路連接成功
播放聲音耶！
顯示文字 YES
等待 1 秒後
清除文字 YES

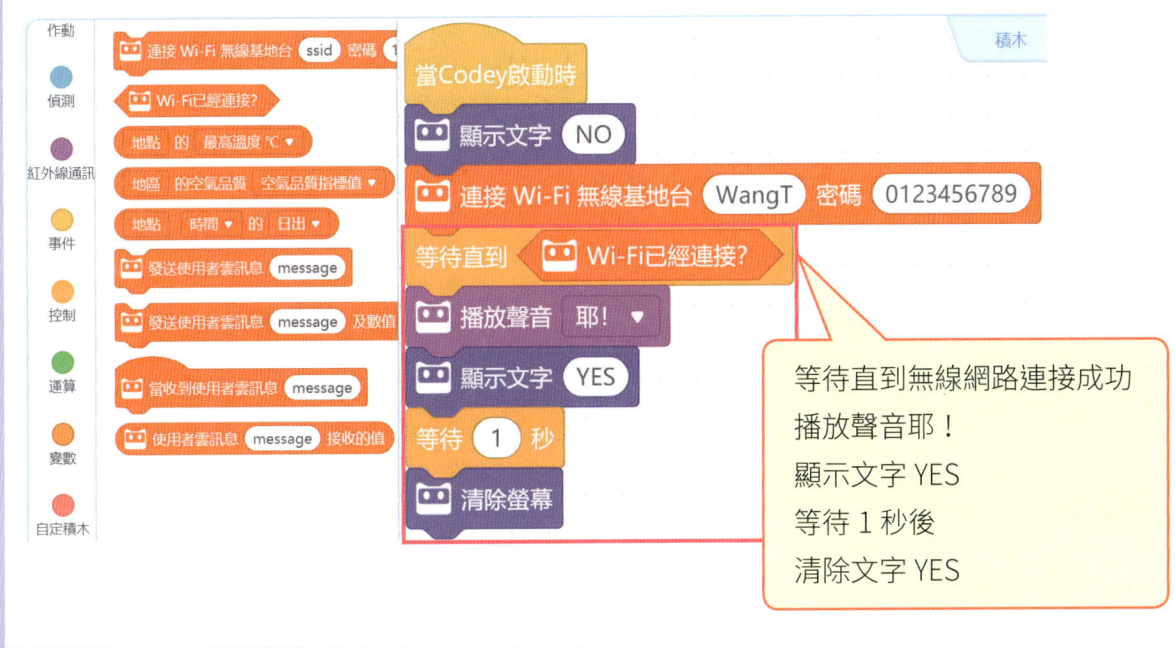

Step.02 點擊 上傳 將程式上傳到程小奔。

Step.03 斷開程小奔與電腦連線，檢查程小奔啟動時是否顯示文字「NO」，無線網路連接成功播放聲音「耶！」，並顯示文字「YES」。

13-4 程小奔發送使用者雲訊息

程小奔連接無線網路之後，按下小程的 A、B 或 C，發送使用者雲訊息給角色。

Step.01 點選 ●事件、●外觀 與 ●物聯網，拖曳下圖積木，按下小程的按鈕 A，發送使用者雲訊息 A 給角色，並顯示圖案 1；按下小程的按鈕 B，發送使用者雲訊息 B 給角色，並顯示圖案 2；按下小程的按鈕 C，發送使用者雲訊息 C 給角色，並顯示圖案 3。

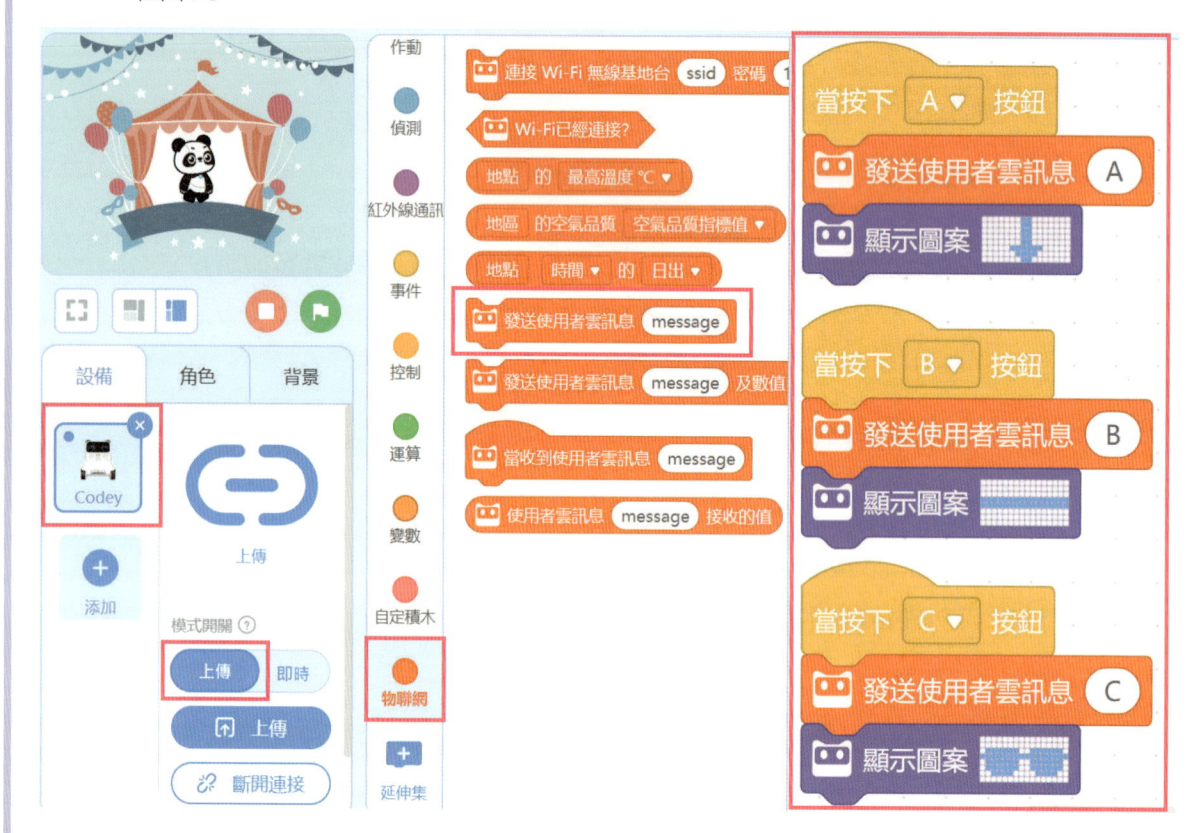

Step.02 點擊 ⬇上傳 將程式上傳到程小奔。

Step.03 斷開程小奔與電腦連線，檢查程小奔連接無線網路成功之後，按下按鈕 A、B 或 C 時顯示的圖案是否正確。

13-5 角色接收使用者雲訊息

角色接收使用者雲訊息 A、B 或 C 時，廣播「直線前進」、「停止」或「唱歌跳舞」訊息給 mBot 接收。

Step.01 點選【角色】，按 延伸集，在「使用者雲訊息」按【添加 > 確認】。

Step.02 按 事件 與 使用者雲訊息，拖曳下圖積木，當角色接收到 A～C 的使用者雲訊息，廣播直線前進、停止或唱歌跳舞，同時，說出廣播的訊息文字。

用主題範例學運算思維與程式設計

Step.03 重新啟動程小奔，檢查程小奔連接無線網路成功之後，按下按鈕 A、B 或 C 時舞台的 Panda 是否顯示直線前進、停止或唱歌跳舞的文字訊息。

1. 按下 A
2. 顯示圖案
3. 說出：「直線前進」

〈操作提示〉程小奔程式上傳成功之後，只要開啟電源就能夠執行，不須要電腦連線，但需要跟電腦使用相同的網路。

13-6 mBot 接收廣播

Step.01 點選【設備】，按 添加 ，點選【mBot】，再按【確認】。

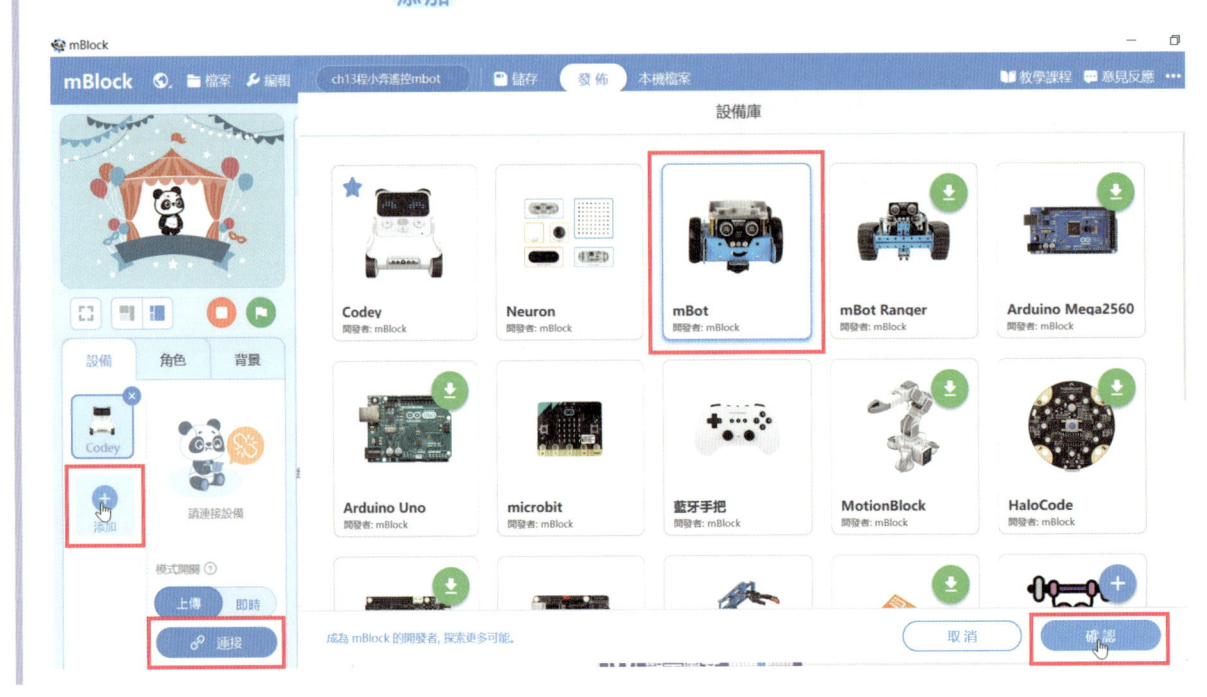

程小奔遙控 mBot 賽車　Chapter・13

Step.02 點選【mBot】，按【連接】，連接電腦與 mBot，並設定為【即時模式】。

〈操作提示〉連接 mBot 之後，如果出現【更新＞更新韌體＞線上更新韌體】，請先更新 mBot 韌體，再重新連接。

Step.03 按 事件 與 運動，拖曳下圖積木，當 mBot 接收到廣播訊息「直線前進」時，前進動力 100%、廣播訊息「停止」，停止前進。

205

用主題範例學運算思維與程式設計

Step.04 按 ●事件 與 ●聲光表演，拖曳積木 [播放音符 C4▼ 以 0.25 拍]，當 mBot 接收到廣播訊息「唱歌跳舞」時，播放快樂頌、閃爍 LED，並旋轉一圈。

```
當收到廣播訊息 唱歌跳舞▼
  播放音符 E5▼ 以 0.25 拍
  播放音符 E5▼ 以 0.25 拍
  播放音符 F5▼ 以 0.25 拍
  播放音符 G5▼ 以 0.25 拍
  前進，動力 50 %，持續 0.1 秒
  播放音符 G5▼ 以 0.25 拍
  播放音符 F5▼ 以 0.25 拍
  播放音符 E5▼ 以 0.25 拍
  播放音符 D5▼ 以 0.25 拍
  後退，動力 50 %，持續 0.1 秒      ← 每播放快樂頌一句
  播放音符 C5▼ 以 0.25 拍             mBot 前進、後退、
  播放音符 C5▼ 以 0.25 拍             左轉與右轉 0.1 秒。
  播放音符 D5▼ 以 0.25 拍
  播放音符 E5▼ 以 0.25 拍
  左轉，動力 50 %，持續 0.1 秒
  播放音符 E5▼ 以 0.25 拍
  播放音符 D5▼ 以 0.25 拍
  播放音符 D5▼ 以 0.25 拍
  右轉，動力 50 %，持續 0.1 秒
  重複 10 次                          ← 閃爍 LED 10 次
    LED 燈位置 所有的▼ 的三原色數值為 紅 255 綠 0 藍 0   ← 開啟 LED
    LED 燈位置 所有的▼ 的三原色數值為 紅 0 綠 0 藍 0     ← 關閉 LED
  左轉，動力 50 %，持續 2 秒          ← mBot 旋轉一圈
```

〈操作提示〉mBot 聲光表演 播放音符（ 播放音符 C4 以 0.25 拍 ）功能與第二章程小奔 喇叭 播放音調（ 播放音調 C4 持續 0.25 拍 ）功能相同，請參閱第二章。

Step.05 重新啟動程小奔，檢查程小奔連接無線網路成功之後，按下按鈕 A、B 或 C 時舞台的 Panda 是否顯示直線前進、停止或唱歌跳舞的文字訊息，同時 mBot 賽車直線前進、停止或唱歌跳舞。

實力評量

單選題

( ) 1. 如果程小奔連接無線網路傳遞雲訊息給角色，程小奔應該使用下列哪一類積木？
(A) 上傳模式廣播　(B) 物聯網　(C) 上傳模式廣播　(D) 使用者雲訊息。

( ) 2. 如果角色想要接收程小奔以無線網路傳遞的雲訊息，角色應該使用下列哪一類積木？
(A) 上傳模式廣播　(B) 物聯網　(C) 上傳模式廣播　(D) 使用者雲訊息。

( ) 3. 如果想要設計角色與程小奔之間，以雲訊息傳遞資訊，應該使用下列哪一種連線方式？
(A) 區域網路　(B) 無線網路　(C) 藍牙　(D) 紅外線通訊。

( ) 4. 下圖程式，應該寫在哪一個位置？

(A) 背景　(B) mBot　(C) 程小奔　(D) 角色 Panda。

( ) 5. 關於下圖程式的敘述，何者「正確」？

(A) 當按下程小奔的按鈕 A，發送使用者雲訊息 A
(B) 當按下鍵盤按鍵 A，發送使用者雲訊息 A
(C) 當按下 mBot 按鈕，發送使用者雲訊息 A
(D) 當收到角色廣播的訊息 A。

實力評量

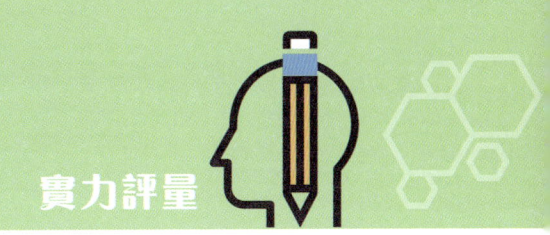

( ) 6. 關於下圖程式的敘述，何者「錯誤」？

當收到廣播訊息 前進▼

前進, 動力 50 %, 持續 1 秒

(A) 程小奔收到廣播訊息前進，1 秒之後停止
(B) mBot 收到廣播訊息前進，1 秒之後停止
(C) mBot 以即時模式接收訊息
(D) 以 事件 接收廣播訊息「前進」。

( ) 7. 下列關於以程小奔遙控 mBot 的敘述，何者「正確」？
(A) 程小奔設定為即時模式
(B) mBot 設定為即時模式
(C) mBot 設定為上傳模式
(D) 程小奔上傳程式之後需要保持與電腦的連線。

( ) 8. 如果想要設計讓 mBot 前進、後退、左轉或右轉，應該使用下列哪一類積木？
(A) 外觀　　(B) 作動　　(C) 運動　　(D) 偵測。

( ) 9. 如果想要設計讓角色 Panda 發送使用者雲訊息，應該使用下列哪一個積木？
(A) 發送使用者雲訊息 message
(B) 發送上傳模式訊息 message
(C) 當我收到使用者雲訊息 message
(D) 發送使用者雲訊息 message 。

( ) 10. 如果想要設計讓程小奔接收使用者雲訊息，應該使用下列哪一個積木？
(A) 當收到上傳模式訊息 message
(B) 當收到上傳模式訊息 message
(C) 當收到使用者雲訊息 message
(D) 當我收到使用者雲訊息 message 。

◎ 實作題

1. 請利用程小奔的感測器，設計控制 mBot 的 LED 開與關的功能。

2. 請利用程小奔的感測器，設計控制 mBot 播放音符。

附錄

實力評量解答

實力評量 解答

Chapter 1

填充題

一、請寫出下列小程的感測器或元件名稱：

1	紅外線接收器
2	LED 面板
3	喇叭
4	按鈕
5	光線與聲音感測器

二、請寫出下列小奔的感測器或元件名稱：

6	白色 LED
7	光線感測器
8	RGB LED
9	紅外線接收器
10	紅外線發射器

實作題

1. 請參考完成範例檔案：ch1 程小奔簡介 _ex1.mblock
2. 請參考完成範例檔案：ch1 程小奔簡介 _ex2.mblock

Chapter 2

單選題

1	2	3	4	5	6	7	8	9	10
B	A	B	C	D	B	A	C	D	B

實作題

1. 請參考完成範例檔案：ch2 動感程小奔 _ex1.mblock
2. 請參考完成範例檔案：ch2 動感程小奔 _ex2.mblock

Chapter 3

單選題

1	2	3	4	5	6	7	8	9	10
C	B	D	C	A	B	D	C	A	B

實作題

1. 請參考完成範例檔案：ch3 聲控程小奔 _ex1.mblock
2. 請參考完成範例檔案：ch3 聲控程小奔 _ex2.mblock

Chapter 4

單選題

1	2	3	4	5	6	7	8	9	10
D	B	D	A	D	A	B	C	B	D

實作題

1. 請參考完成範例檔案：ch4 光控程小奔 _ex1.mblock
2. 請參考完成範例檔案：ch4 光控程小奔 _ex2.mblock

Chapter 5

單選題

1	2	3	4	5	6	7	8	9	10
B	A	C	A	C	D	B	A	D	C

實作題

1. 請參考完成範例檔案：ch5 程小奔循線前進 _ex1.mblock
2. 請參考完成範例檔案：ch5 程小奔循線前進 _ex2.mblock

Chapter 6

單選題

1	2	3	4	5	6	7	8	9	10
C	C	A	B	C	D	A	D	B	D

實作題

1. 請參考完成範例檔案：ch6 程小奔辨色唱歌 _ex1.mblock
2. 請參考完成範例檔案：ch6 程小奔辨色唱歌 _ex2.mblock

Chapter 7

單選題

1	2	3	4	5	6	7	8	9	10
C	D	C	A	B	D	B	A	C	B

實作題

1. 請參考完成範例檔案：ch7 程小奔避開障礙物 _ex1.mblock
2. 請參考完成範例檔案：ch7 程小奔避開障礙物 _ex2.mblock

Chapter 8

單選題

1	2	3	4	5	6	7	8	9	10
C	D	B	A	B	D	C	D	A	C

實作題

1. 請參考完成範例檔案：ch8 程小奔播報天氣 _ex1.mblock
2. 請參考完成範例檔案：ch8 程小奔播報天氣 _ex2.mblock

Chapter 9

單選題

1	2	3	4	5	6	7	8	9	10
A	D	C	A	B	B	C	C	D	A

實作題

1. 請參考完成範例檔案：ch9 程小奔的人工智慧辨識 _ex1.mblock
2. 請參考完成範例檔案：ch9 程小奔的人工智慧辨識 _ex2.mblock

Chapter 10

單選題

1	2	3	4	5	6	7	8	9	10
B	D	C	A	A	D	C	B	B	C

實作題

1. 請參考完成範例檔案：ch10 人工智慧班級出席人數統計 _ex1.mblock
2. 請參考完成範例檔案：ch10 人工智慧班級出席人數統計 _ex2.mblock

Chapter 11

單選題

1	2	3	4	5	6	7	8	9	10
D	C	B	C	B	A	B	D	D	C

實作題

1. 請參考完成範例檔案：ch11 程小奔與 Panda 英打遊戲 _ex1.mblock
2. 請參考完成範例檔案：ch11 程小奔與 Panda 英打遊戲 _ex2.mblock

Chapter 12

單選題

1	2	3	4	5	6	7	8	9	10
D	A	A	B	C	B	A	C	B	D

實作題

1. 請參考完成範例檔案：ch12 程小奔遙控程小奔 _ex1.mblock
2. 請參考完成範例檔案：ch12 程小奔遙控程小奔 _ex2.mblock

Chapter 13

單選題

1	2	3	4	5	6	7	8	9	10
B	D	B	D	A	A	B	C	D	C

實作題

1. 請參考完成範例檔案：ch13 程小奔遙控 mBot 賽車 _ex1.mblock
2. 請參考完成範例檔案：ch13 程小奔遙控 mBot 賽車 _ex2.mblock

程小奔編程智慧機器人（含藍牙適配器）

產品編號：5001461
建議售價：$3,760

程小奔主要由兩部分組成，分別是可獨立使用的主控板 - 小程，和它的座駕 - 小奔，通過程式設計後可以支援人臉識別、語音辨識等 AI 功能，通過這些功能展現出來的實際效果，將 AI 技術的抽象概念與具體的功能聯繫起來，讓孩子可以更生動地掌握 AI 技術的邏輯和原理。

百變 LED 面板 隨心秀出個性
通過編程字定義點矩陣螢幕的表情、時間、文字、天氣，讓程小奔活起來。

情緒辨識 人臉辨別 語音辨別
無論你是快樂還是悲傷，程小奔都能一眼看穿，透過人臉辨識還可以自動解鎖，做你的貼心小助手。

極速離線上傳
利用藍牙適配器可無限燒錄程式到程小奔，讓創意和想法 1 秒成型。

mBlock5 圖形化軟體　一鍵轉成 Python
基於 Scratch3.0 開發而成，流暢的跨平台編程體驗，支持多種教育環境，滿足從編程入門、進階到專業的多重需求。

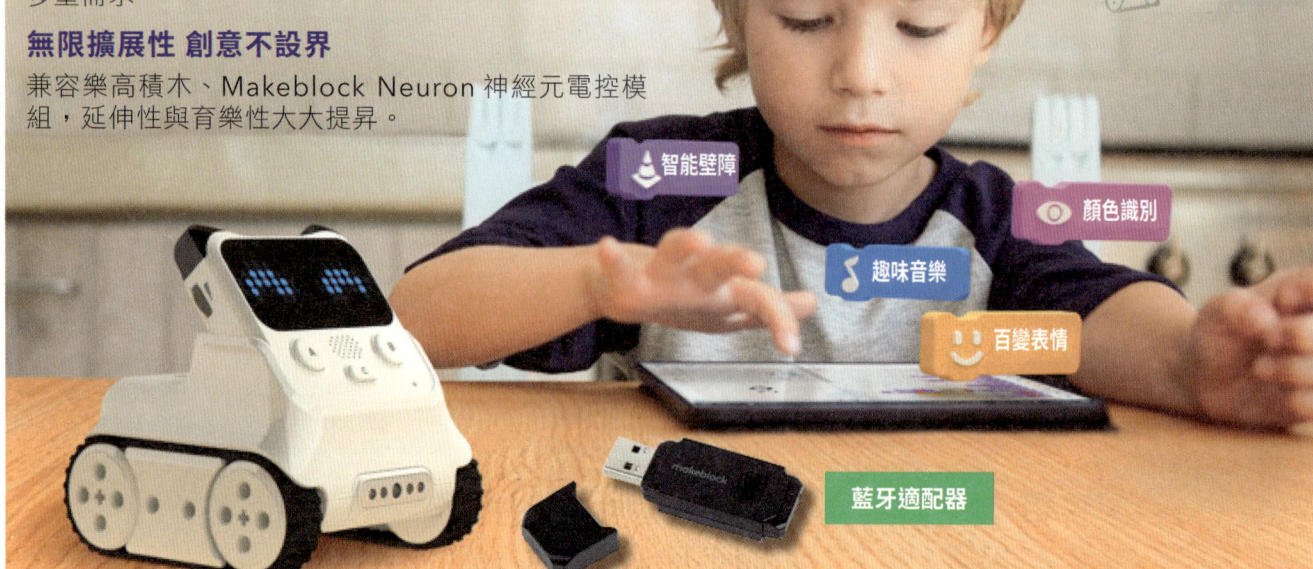

無限擴展性 創意不設界
兼容樂高積木、Makeblock Neuron 神經元電控模組，延伸性與育樂性大大提昇。

Maker 指定教材
用主題範例學運算思維與程式設計 -
使用 Codey Rocky 程小奔與 Scratch3.0(mBlock5)
含 AI 與 IoT 應用專題 (範例素材 download)
書號：PN077
作者：王麗君
建議售價：$320

產品規格

編程軟體	圖形化編程軟體 mBlock5（相容於 Scratch3.0） 文字式編程軟體 Python、JavaScript
小程電控模組	控制晶片 ESP32、16x8 LED 點矩陣螢幕、紅外線發射接受器、齒輪電位器、六軸陀螺儀、RGB 指示燈、蜂鳴器、按鈕、光線傳感器、聲音傳感器
小奔電控模組	顏色紅外線傳感器、減速直流馬達
程式上傳方式	電腦端：USB 數據線上傳、與藍牙適配器配對無線傳輸 行動裝置端：與行動裝置藍牙配對傳輸
電池容量	鋰電池 3.7V 950mAh（使用時間約 2 小時）
支援 AI 技術	支援人臉識別、語音辨識、文字識別和深度學習等技術
支援 IoT 技術	支援 IFTTT、雲計算和雲存儲功能、支持多台機器人使用紅外線互相通訊

※ 價格．規格僅供參考　依實際報價為準

JYiC.net 勁園國際股份有限公司 www.jyic.net
諮詢專線：02-2908-5945 或洽轄區業務
歡迎辦理師資研習課程

mBot 輪型機器人 V1.1（藍色藍牙版）

產品編號：5001001
建議售價：$3,135

mBot 是基於 Arduino 平台的程式教育機器人，支援藍牙或者 2.4G 無線通訊，具有手機遙控、自動避障和循跡前進等功能，搭配 Scratch(mBlock) 採用直覺式圖形控制介面，只要會用滑鼠，就能學會寫程式！！

自動避障
可偵測前方障礙物距離，完成避障任務。

循跡前進
可沿著地面上的線段行駛前進。

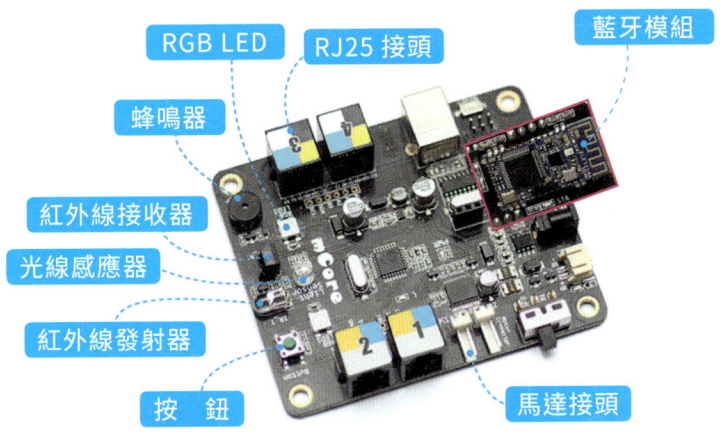

主控板標示：RGB LED、RJ25 接頭、藍牙模組、蜂鳴器、紅外線接收器、光線感應器、紅外線發射器、按鈕、馬達接頭

擴展 AI 人工智慧

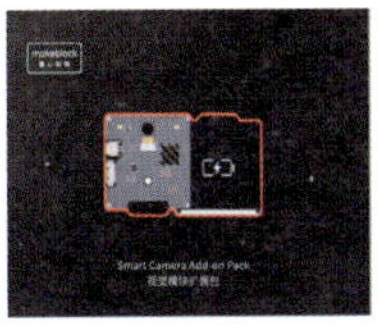

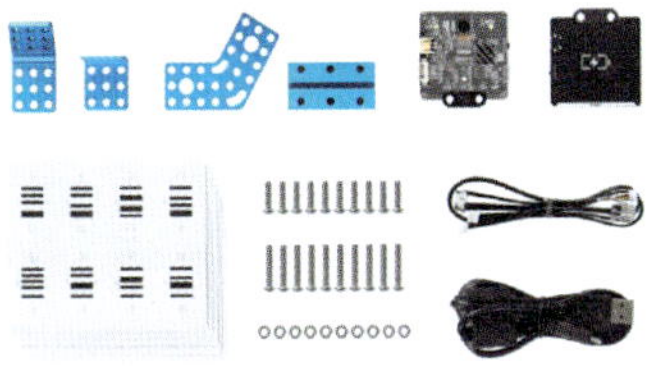

mBuild AI 視覺模組
產品編號：5001476
建議售價：$2,950

Maker 指定教材

用主題範例學運算思維與程式設計 -
使用 mBot 機器人與 Scratch3.0(mBlock5)
含 AIoT 應用專題 (範例素材 download)
書號：PN076
作者：王麗君
近期出版

快速組裝

只需要一把螺絲起子，搭配金屬積木與電控模組，快速組裝出可愛 mBot。

零件清單

鋁合金底盤	mCore 主控板	塑膠滾輪	塑膠輪胎	直流馬達
超音波模組	藍牙模組	循跡模組	紅外線遙控器	電池盒
螺絲起子	螺絲包	USB 線	鋰電池	循跡場地圖

創客教育擴展系列

mBot 六足機器人擴展包
產品編號：5001011
建議售價：$890

mBot 伺服機支架擴展包
產品編號：5001012
建議售價：$890

mBot 聲光互動擴展包
產品編號：5001013
建議售價：$890

表情面板 (LED 陣列 8×16)
產品編號：5001102
建議售價：$410

※ 價格 ‧ 規格僅供參考　依實際報價為準

JYiC.net 勁園國際股份有限公司 www.jyic.net

諮詢專線：02-2908-5945 或洽轄區業務
歡迎辦理師資研習課程

書　　　名	**用主題範例學運算思維與程式設計** 使用Codey Rocky程小奔與Scratch3.0(mBlock5) 含AI與IoT應用專題(範例素材download)
書　　　號	PN077
版　　　次	109年8月初版
編　著　者	王麗君
總　編　輯	張忠成
責任編輯	淼清文文教　游淇文
校對次數	6次
版面構成	陳依婷
封面設計	陳依婷
出　版　者	台科大圖書股份有限公司
門市地址	24257新北市新莊區中正路649-8號8樓
電　　　話	02-2908-0313
傳　　　真	02-2908-0112
網　　　址	tkdbooks.com
電子郵件	service@jyic.net

國家圖書館出版品預行編目資料

用主題範例學運算思維與程式設計:使用Codey Rocky程小奔與Scratch3.0(mBlock5)含AI與IoT應用專題(範例素材download) / 王麗君編著. -- 初版. -- 新北市：台科大圖書, 2020.08
面；　公分
ISBN 978-986-523-055-5(平裝)
1.微電腦 2.電腦程式設計
471.516　　　　　　　109010285

版權宣告　　**有著作權　侵害必究**

本書受著作權法保護。未經本公司事前書面授權，不得以任何方式（包括儲存於資料庫或任何存取系統內）作全部或局部之翻印、仿製或轉載。

書內圖片、資料的來源已盡查明之責，若有疏漏致著作權遭侵犯，我們在此致歉，並請有關人士致函本公司，我們將作出適當的修訂和安排。

郵購帳號	19133960
戶　　　名	台科大圖書股份有限公司
	※郵撥訂購未滿1500元者，請付郵資，本島地區100元 / 外島地區200元
客服專線	0800-000-599
網路購書	PChome商店街　JY國際學院 博客來網路書店　台科大圖書專區

各服務中心					
	總　公　司	02-2908-5945	台中服務中心	04-2263-5882
	台北服務中心	02-2908-5945	高雄服務中心	07-555-7947

線上讀者回函
歡迎給予鼓勵及建議
tkdbooks.com/PN077